KB009326

자연과 인문을 버무린

과학비빔밥 2

_동물 편

자연과 인문을 버무린

동물 편

과학비빔밥 2

초판 2쇄 발행일 2023년 5월 1일
초판 1쇄 발행일 2021년 4월 9일

지은이 권오길
펴낸이 이원중

펴낸곳 지성사 **출판등록일** 1993년 12월 9일 **등록번호** 제10-916호
주소 (03458) 서울시 은평구 진흥로 68, 2층
전화 (02) 335-5494 **팩스** (02) 335-5496
홈페이지 www.jisungsa.co.kr **이메일** jisungsa@hanmail.net

ISBN 978-89-7889-463-0 (44470)
978-89-7889-461-6 (세트)

잘못된 책은 바꾸어드립니다. 책값은 뒤표지에 있습니다.

청소년을 위한 과학 읽기

자연과 인문을 버무린

과학비빔밥 2

동물 편

권오길 지음

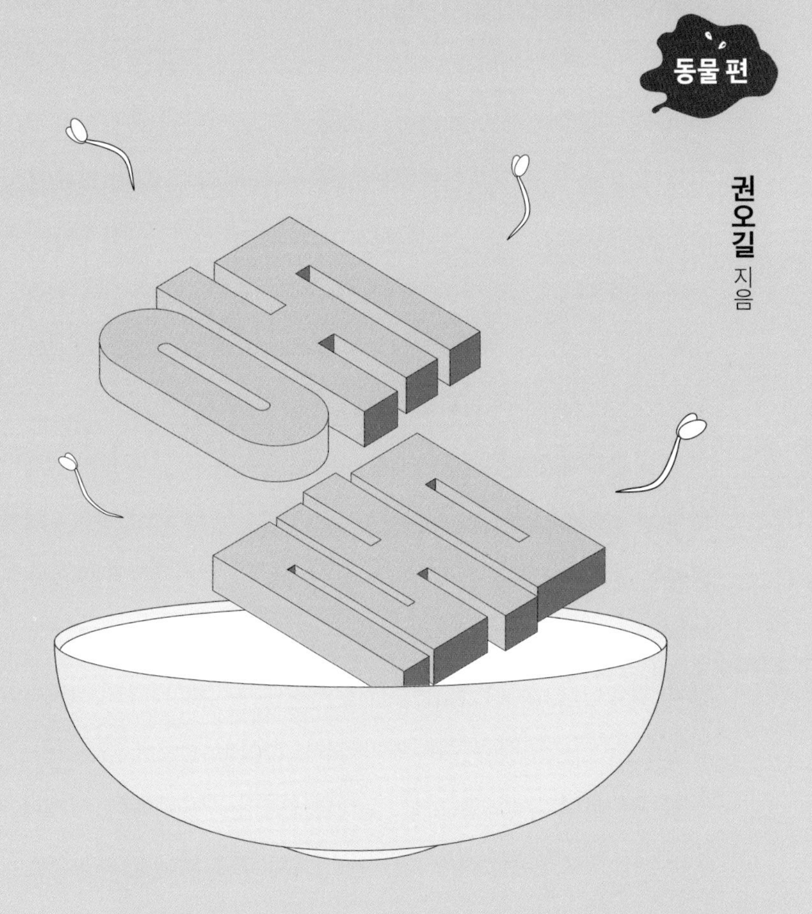

지성사

여는 글

필자가 우리 고유어(토박이말)를 많이 쓴다 하여 '과학계의 김유정'이란 소리를 듣기도 합니다. 또 50권이 넘는 생물 수필(biology essay) 책을 썼고, 지금도 여러 신문과 잡지에 원고를 보내고 있으니 생물 수필 쓰기에 거의 평생을 바쳤다 해도 지나친 말이 아닐 것입니다. 글에 고유 토속어를 즐겨 쓰는 것은 물론이고, 참 많은 속담, 관용구(습관적으로 쓰는 말), 고사성어(옛이야기에서 유래한 한자말), 사자성어(한자 네 자로 이루어진, 교훈이나 유래를 담고 있는 말)를 인용(끌어다 씀)하였지요. 생물 속담, 관용어 등등에는 그 생물의 특성(특수한 성질)이 속속들이 녹아 있기 때문에 그렇습니다.

다시 말하지만 선현(옛날의 어질고 사리에 밝은 사람)들의 삶의 지혜(슬기)와 해학(익살스럽고도 품위가 있는 말이나 행동)이 배어 있는 우리말에는 유독 동식물을 빗대 표현하는 속담이나 고사성어가 많은데, 이를 자세히 살펴보면 거기에 생물의 특징이 고스란히 담겨 있음을 알 수 있습니다. 그래서 속담이나 고사성어들에 깃든 생물의 생태나 습성을 알면 우리말을 이해하고 기억하는 것이 보다 쉬워진답니다.

필자는 이미 일반인을 위한 『우리말에 깃든 생물 이야기』(여기서 우리말이란 속담, 관용어, 사자성어 따위를 뜻함) 6권을 펴냈습니다. 그런데 그 책들을 낸 뒤에 가만히 생각하니 우리 청소년을 위한 책을 내야겠다는 생각이 문득 들었습니다. 대신에 인간(우리 몸), 동물, 식물을 따로 한 권씩 묶어 출판하고자 마음먹었지요.

"달팽이 눈이 되다."란 속담을 들어본 적 있나요? 이는 핀잔(꾸지람)을 받거나 겁이 날 때에 움찔하고, 기운을 펴지 못함을 빗댄 말입니다. 큰더듬이 끝에 덩그러니 올라앉아 있는 동그란 달팽이 눈에 손을 대보았을 때 순간적으로 쏙 말려들었다가 얼마 지나 다시 밀려 나오는 형상(생김새)을 잘 표현하였다 하겠습니다.

그리고 와우각상쟁(蝸牛角上爭, 달팽이 蝸, 소 牛, 뿔 角, 위 上, 다툴 爭)이란 말이 있습니다. 이는 '달팽이(蝸牛) 뿔(角, 더듬이) 위(上)에서의 다툼(爭)'이란 뜻으로, 집안이나 나라들에서 하찮은 일로 벌이는 싸움을 비유하여(빗대) 이르는 말입니다.

달팽이는 둥근 눈알이 붙어 있는 큰 더듬이(대촉각) 두 개와 온도나 냄새, 기온, 바람 따위를 느끼는 작은 더듬이(소촉각) 둘이 있답니다. 이 세상에서 더듬이가 넷인 동물은 오직 달팽이 무리뿐이에요. 그런데 더듬이들이 서로 얽히고설키듯이 움직이는 것을 보고 그것들이 서로 싸움질 하는 것으로 잘못 알았던 것이지요.

그렇습니다. 속담(俗談)이란 예로부터 일반 백성(민초, 民草)들 사이에 전해오는, 오랜 생활 체험을 통해 생긴 삶에 대한 교훈 따위를 간결하게 표현한 짧은 글(격언)이거나, 가르쳐서 훈계하는 말(잠언)이기도 합니다. 그래서 속담엔 옛날 사람들이 긴긴 세월 동안 생물들과 부대끼며 살아오면서 생물을 관찰, 경험(체험)하고 또 인생살이에서 여러 가지 보고 배우며 느낀 것이 묻어 있지요. 다시 말해 속담엔 한 시대의 인문·역사·과학·자연·인간사들이 그대로 녹아 있어서 어렴풋이나마 그 시대의 생활상을 엿볼 수 있습니다. 그리고 무엇보다 보통 사람들의 익살스럽고(남을 웃기려고 일부러 하는 우스운 말이나 행동) 해학(유머, 위트)적인 삶이 그대로 스며 있습니다.

교훈이나 유래를 담은 한자 성어나, 우리가 습관적으로 자주 쓰는 관용어(관용구)도 속절없이 속담과 크게 다르지 않습니다. 간단하면서도 깔끔한 관용어 한마디는 사람을 감동시키거나 남의 약점을 아프게 찌를 수도 있답니다.

끝으로 이 책에는 대표적인 동물 60꼭지를 골라서 썼습니다. 무엇보다 이 책을 읽고, 생물을 이해하는 데 큰 도움이 되었으면 합니다. 또한 이런 생물 수필을 자주 읽고, 많이 써보아서 나중에 훌륭한 논문을 더 잘 쓸 수 있게 되길 바랍니다. 우리나라 일부 유명 대학과 세계적으로 이름난 대학에서 과학 글쓰기를 강의하는 까닭도 사고의 폭을 넓힐뿐더러 좋은 논문 쓰기에도 그 목적이 있는 것입니다. 젊은 독자 여러분들의 행운을 빕니다!

권오길

무척추동물

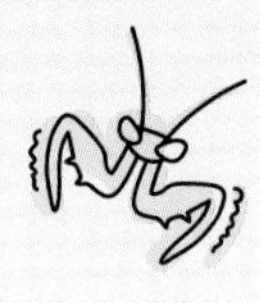

척추동물

일러두기

1. 본문의 외래어 표기는 국립국어원의 표기 원칙을 주로 따랐다.
2. 책의 제목은 『』로, 작품의 제목(시, 시조, 소설 등)은 「」로 나타냈다.
3. 분류에서 과(科) 이름은 알아보기 쉽도록 사이시옷을 빼고 표기하였다.
   (예: 고양잇과 ⇨ 고양이과)
4. 사진(그림) 출처는 책의 뒤쪽에 따로 실었다.

무척추동물

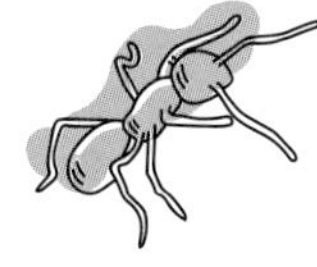

새우

굽거나 삶을 때 왜 몸이 새빨개질까?

새우(하, 蝦, shrimp)는 약자(힘이나 세력이 약한 사람이나 생물)나 등이 굽은 꼽추(곱사등이)의 대명사로 통한다. 그런가 하면 고래(鯨)는 고래기와집(고래 등같이 덩실한 기와집)이 뜻하듯 아주 크고, 힘센 것을 대변한다. 왕새우를 대하(大蝦)라 하며, 대하의 새끼를 소하(小蝦), 크지도 작지도 아니한 중간 크기의 새우를 중하(中蝦)라 한다.

새우는 생김새가 앙증맞고 살가운 것이 더없이 맵시가 있다. 새우는 절지동물(다리에 마디가 있는 동물)로 딱딱한 등딱지를 가진 갑각류(甲殼類)다. 다시 말해서 새우·가재·게·바닷가재 등짝은 껍데기(殼)가 매끈하고, 딱딱(甲)하여 갑각류라 한다. 머리가슴(두흉부)이 붙었고, 등은 구부정한 데다 배는 길쭉하며, 다리는 5쌍이고, 몸을 둘러싼 키틴질 외골격은 두껍다. 길쭉한 눈자루 끝에 한 쌍의 새까맣고 동그란 겹눈을 매달고 있으며, 무엇보다 머리에 짤따란 제1촉각(제1더듬이)과 길쭉한 제2촉각(제2더듬이)을 각각 한 쌍씩 갖는 것이 갑각류의 으뜸가는 특징이다.

남극의 크릴새우(krill shrimp)가 고래 먹잇감이듯 새우는 강, 바

다의 먹이사슬(먹이연쇄)에 엄청난 몫을 한다. 새우들은 모조리 잡식성이고, 수컷이 암컷에 비해 크며, 두 눈 사이로 뻗은, 송곳같이 뾰족한 두 개의 액각(額角, 이마뿔)을 방어공격무기로 쓴다.

새우는 자웅이체(암수딴몸)로 노플리우스(nauplius), 조에아(zoea), 미시스(mysis), 메가토파(megatopa)의 유생 시기를 여러 번 거친 뒤에 성체(어른)가 된다. 배 아래에 수두룩하게 붙은 헤엄다리(암놈은 여기에 알을 붙임)를 저어서 앞으로 나가지만 가재처럼 잽싸게 뒷걸음질(가재걸음)도 한다.

우리나라 바다에 서식(자리 잡고 삶)하는 식용 새우는 왕새우, 보리새우가 대표적이고, 모두 크고 맛이 좋아 소금구이나 고급 요리에 쓰인다. 새우에 따라 탕·구이·볶음·튀김·조림·된장국은 물론이고 젓갈로도 먹는다.

그런데 왜 새우나 가재를 굽거나 삶으면 새빨개지는 걸까? 동물계에 널리 분포하는 카로티노이드(carotinoid)계의 적색 천연색소인 아스타크산틴(astaxanthin) 때문이다. 아스타크산틴은 갑각류와 연어, 새털 따위에서 볼 수 있는 물질로 그것과 결합한 단백질은 불안정하기 짝이 없어 열을 받으면 곧장 분해되면서 빨갛게 바뀐다. 이것은 일명 '바다의 카로티노이드'라 불리면서 루테인(lutein)과 함께 눈에 좋은 것으로 알려졌다.

고래 그물에 새우가 걸린다 바라던 바는 얻지 못하고 쓸데없는 것만 얻게 됨을 비꼬는 말.

새우 싸움에 고래 등 터진다 아랫사람들 다툼에 윗사람이 다치는 경우를 빗대어 이르는 말.

새우 잡으려다 고래를 놓친다 보잘것없는 것을 얻으려다가 도리어 큰 것을 놓친다는 뜻으로, 근시안적인 행동을 빗대어 이르는 말.

새우로 잉어를 낚는다 적은 밑천을 들여 큰 이득을 보다.

경전하사(鯨戰蝦死) 고래 싸움에 새우 등 터진다는 뜻으로, 강자 등쌀(몹시 귀찮게 구는 짓)에 약자가 아무런 까닭 없이 해를 입음을 빗대어 이르는 말.

반딧불이

꽁무니에서 빛을 내는 까닭은?

반딧불이(형, 螢, firefly)를 '반딧불', '개똥벌레', '반디', '반딧벌레'라 부르며, 우리나라에 서식하는 반딧불이는 8종으로 기록되어 있으나 이제 와 실제로 잡히는 것은 기껏 애반딧불이, 파파라반딧불이, 운문산반딧불이, 늦반딧불이 등 4종뿐이라 한다. 비통한 일이지만 아마도 나머지는 우리나라를 떠나지 않았나 싶다.

아랫배 끄트머리의 발광기관에서 빛을 내는 반딧불이

숲속을 수놓은 반딧불

반딧불이는 암수가 빛으로 자기를 알리고, 상대를 알아낸다. 또 종마다 제가끔 빛 세기, 깜빡거림 빠르기(속도), 꺼졌다 켜지는 시간차가 달라서 그것으로 서로를 가늠한다. 도시에서는 밝은 빛이 끼어들어(간섭을 받아) 사람들이 하늘의 별을 보지 못하듯, 이들도 서로 신호를 알아볼 수 없다. 우리 또한 불빛이 없다시피 한 호젓한 두메산골에서만 그들을 찾아볼 수 있을 따름이다.

반딧불이는 딱정벌레목, 반딧불이과의 곤충으로 완전변태(갖춘탈바꿈)를 하며 성충(어른벌레), 알, 유충(애벌레), 번데기가 죄다 빛을 낸다. 성체 몸길이는 12~18밀리미터이고, 몸 빛깔은 검은색이며, 앞가슴등판은 귤빛이 도는 붉은색이고, 딱정벌레이기에 거칠고 딱딱한 외골격(겉뼈대)으로 덮였다. 반딧불이의 아랫배 끄트머리(두세째 마디)에는 남달리 발달한 발광기관(빛을 내는 기관)이 있는데, 거기에서 발광물질인 루시페린(luciferin) 단백질이 산소(O_2)와 결합하여 산화루시페린이 되면서 빛을 낸다. 반딧불은 열이 거의 없는 냉광(열이 없는 빛)으로 옅은 노란색이거나 황록색(누런빛을 띤 초록색)에 가깝다.

이들은 번데기에서 성충으로 우화(羽化, 날개돋이)할 때 이미 입이 몽땅 퇴화(퇴보)해버리고 말아 살아 있는 반 달 동안 도통(도무지) 아무것도 먹지 않는다. 대신 기름기(지방)를 몸에 그득 쌓고 나왔기에 그 기간만큼은 아무 탈 없이 지낸다. 번데기 꼴인 암놈들은 하나같이 겉날개(딱지날개)뿐만 아니라 얇은 속날개까지 송두리째 없어서 꼼짝 못 하는 신세다. 그래서 풀숲에서 공중을 우러러보고 반득반득 사랑의 신호를 보내면 사방팔방 떼 지어 나대던 수컷들(성비, ♂:♀=50:1)이 마침내 곤두박질하여 암컷에 바짝 다가간다.

아무튼 짝짓기를 끝내고는 물가 이끼에다 줄잡아 300~500개의 알을 낳는데, 알은 3~4주 무렵에 부화(알까기)하여 유충이 되며, 애벌레는 여름 내내 4~6회 탈피(脫皮, 허물벗기)한다. 흔히 '애반딧불이' 유충은 실개천에 살면서 다슬기를 잡아먹고, 나머지 종들은 땅(뭍)에 살면서 밭가에 나는 달팽이나 민달팽이를 잡아먹으며 쑥쑥 자란다.

애벌레들은 한겨울 추위를 피해 가랑잎 더미에 몸을 묻은 채, 또는 땅으로 파고들어 월동(겨울나기)한다. 그러고는 다음 해 늦봄(4~5월)에 한 1~2주간 번데기 시기를 거친 다음 날개돋이하여 성충이 되니, 빠르게는 5월 초에 그것들이 나는 것을 볼 수 있고 유독 느리광이(느림뱅이) '늦반딧불이'는 7월 초가 되어야 성충이 된다.

반딧불로 별을 대적하랴 반딧불(반딧불이의 꽁무니에서 나오는 빛)을 하늘의 별에 함부로(감히) 견줄 수 없다는 뜻으로, 되지도 아니할 일은 제아무리 억지를 부려도 어림없음을 빗대어 이르는 말.

형설지공(螢雪之功) 반딧불과 눈빛으로 함께하는 노력이라는 뜻으로, 고생을 하면서 부지런하고 꾸준하게 공부하는 자세를 이르는 말. 중국 진나라 차윤과 손강의 고사(옛일)에서 유래하였는데 "차윤은 여름에 낡은 명주 주머니에 반딧불이를 잡아넣고 그 빛으로 낮처럼 공부하였고, 손강은 겨울이면 항상 눈빛에 비추어 책을 읽었다."고 한다.

벼룩

높이뛰기와 멀리뛰기 전문가

벼룩은 사람벼룩(human flea) 말고도 쥐벼룩·개벼룩·고양이벼룩을 비롯하여 포유류(족제비·다람쥐·오소리·박쥐)나 새들에도 기생(더부살이)한다. 이것은 흑사병(페스트, pest)이나 발진열을 퍼뜨리는, 몸 밖에 얹혀사는 체외 기생충이다. 벼룩에 뜯긴 자국은 모기에게 물린 것과 똑같고, 벼룩이 침에도 히스타민(histamine)이 들어 있어서 이것이 알레르기(allergy) 반응을 일으켜 무척 가렵다.

사람벼룩은 벼룩과의 소형 곤충으로 체장(몸길이)이 1.5~3.3밀리미터이며, 암컷이 수컷보다 좀 크다. 사실상 건성건성(어물쩍) 보아 벼룩 찾기란 풀밭에서 바늘 찾기만큼이나 어렵다. 벼룩은 곤충이라지만 날개가 숫제 없고, 겹눈이 없이 홑눈 2개만 있으며, 짧고 굵은 더듬이(촉각)가 있다. 긴 타원형의 몸매에다 머리가슴은 매우 작고, 배가 거의 대부분을 차지하며, 적갈색이거나 암갈색 광택을 낸다. 얄궂게도 양옆으로 납작하게 눌려진 탓에(아래위로 눌린 빈대와 반대꼴임) 동물의 털 사이를 손쉽게 기어 다닌다. 대롱 모양의 입은 피 빨기에 알맞고, 길쭉한 다리 끝에는 발톱이 붙었으며, 뒷다리는 도

사람벼룩

약(뜀뛰기)하기에 좋게 생겼다.

조그마한 벼룩이 수직(높이)으로 18센티미터를 솟구치고 수평(거리)으로 33센티미터나 달음질하니, 제 몸길이의 100배 높이에 200배쯤 멀리 뛴다. 높이뛰기나 멀리뛰기 선수들은 벼룩들한테서 한 수 배워야 할 것이다. 벼룩이 높게 또는 멀리 뛰는 것이나, 딴 곤충들의 재빠른 날갯짓은 결코 근육의 힘이 아니라 외골격에 든 레실린(resilin) 단백질의 탄력성(힘을 받았을 때 튀기는 힘)이 크기 때문이다. 이 같은 레실린의 특성 원리를 운동기구나 의학, 전자기구들을 만드는 데 응용(이용)하고 있다 한다. 그러니 '모방은 창조'라는 것이요, 하나같이 발명품은 자연 모방품인 것!

벼룩은 알, 애벌레, 번데기, 성충의 한살이(일생)를 갖는 완전변태(갖춘탈바꿈) 곤충이다. 벼룩 암컷은 평생 500개 남짓한 알을 낳는데, 알은 직경(지름)이 0.5밀리미터로 하얀색의 난형(달걀꼴)이다. 애벌레는 몸길이가 6밀리미터 정도로 파리 유충(구더기)을 닮았고, 몸 색깔은 담황색(옅은 누런빛)으로 13개의 체절(몸마디)에 강모(센털)가 난다.

특히 애벌레는 어미 벼룩의 똥을 먹고 살기에, 어미 벼룩은 애벌레가 생기면 사람 피를 보통 때보다 30배나 더 빨아, 듬뿍 똥을 누어서 새끼 유충이 실컷 먹도록 해준단다. 어미 벼룩의 유별난 모정이라니! 유충은 1~2주 안에 3번 허물을 벗은 다음 고치 방(4×2mm)을 만들어 그 속에서 번데기가 되고, 며칠 뒤에 마침내 성체 벼룩이 된다.

개털에 벼룩 끼듯 좁은 데에 많은 것이 득시글득시글 몰려 있음을 비꼬아 이르는 말.

뛰어야 벼룩 / 뛰어보았자 부처님 손바닥 도망쳐보아야 크게 벗어날 수 없다는 말.

말에 실었던 짐을 벼룩 등에 실을까 힘과 능력이 없는 사람에게 무거운 책임을 지울 수는 없음을 이르는 말.

벼룩 꿇어앉을 땅도 없다 / 송곳 박을 땅도 없다 자기가 부쳐 먹을 땅이라고는 조금도 없음을 이르는 말.

벼룩도 낯짝이 있다 지나치게 염치가 없는 사람을 나무라는 말.

벼룩의 간을(선지를) 내먹는다 어려운 처지에 있는 사람에게서 금품(돈과 물품)을 뜯어낸다는 말.

벼룩의 등에 육간대청을 짓겠다 벼룩의 좁은 등에 여섯 칸이나 되는 넓은 마루를 짓겠다는 뜻으로, 하는 일이 이치에 어그러지고 도량(넓은 마음과 깊은 생각)이 없음을 이르는 말.

빈대

냄새로 먹잇감을 찾는다?

빈대(취충, 臭蟲, bedbug)는 절지동물의 노린재목, 빈대과의 곤충으로 3500년 전에 박쥐에 처음 기생했던 것이, 사람이 동굴 생활을 하면서 옮겨 붙었다고 여긴다. 몸이 적갈색(구릿빛)에다 납작 둥그스름하고, 앞날개는 퇴화하여 흔적만 남았으며, 뒷날개는 숫제 없다. 야행성이라 낮에는 벽지 틈새나 방구석에 숨었다가 어스름이 내리면 득달같이 기어 나와 잠자는 숙주(사람)를 갈구기(못살게 굶) 일쑤다. 몸이 납작해 번드쳐(물건을 한 번에 뒤집어) 굽는 동글납작한 녹두지짐 '빈대떡'이란 말이 생겨난 것이리라. 또 납작코(콧날이 서지 않고 납작하게 가로퍼진 코)를 '빈대코'라 부르기도 한다.

빈대는 몸길이 4~5밀리미터, 너비 1.5~3밀리미터이고, 배에는 현미경으로 보아야 하는 아주 작은 털이 많다. 알에서 갓 깬 유충은 맑고 옅은 색이지만, 여섯 번을 탈피하여 성충이 되면서 갈색을 띤다. 길쭉하고 예리한(날카로운) 입술을 쭉 뻗고는 살갗을 찔러 피를 빠는데(보통 때는 턱 밑에 오므려 딱 붙여둠) 5~10분이면 배가 빵빵해지고, 피 탓에 온몸이 새빨개진다.

빈대를 잡아 손톱으로 꾹 눌러 터뜨리면 불쾌한 낌새가 코를 찌르고, 만지기만 해도 고약한 노린재 냄새가 나니 말 그대로 '냄새 나는 벌레(취충, 臭蟲)'이다. 빈대에게 물린 자리는 알레르기 반응을 일으켜 무척 가려울 뿐더러 한껏 피를 빨고는 벌건 똥을 벽지에 깔겨 벼름박(벽)이 온통 피 칠갑이다. 빈대 핏속의 DNA는 90여 일까지도 변하지 않아 범죄과학수사에 쓰인다고 한다.

벼룩은 페로몬(pheromone)을 쏟아서 먹이나 짝을 찾는다. 수컷이, 날이 휜 칼을 닮은 음경으로 암컷의 배를 찔러 정자를 몸 안에 집어넣으면 그것이 피를 타고 난소(알집)로 찾아든다. 하루에 2개의 알을 낳아서(평생 암컷 한 마리가 200~500개를 낳음) 솔기(옷이나 이부자리 따위를 지을 때 두 폭을 맞대고 꿰맨 줄)에 붙인다. 사람의 체온을 받고 부화(알까기)시키자는 심사(마음)다.

빈대

요즘은 우리나라에서 그토록 득실거리던 흡혈(피를 빠는) 곤충인 이·벼룩·빈대를 거의 볼 수 없다. 바퀴벌레·개미·거미·지네 따위의 포식자가 성가신 빈대 놈을 잡아먹는다고 하지만, 그럴 만

한 까닭이 되지 못한다. 이들이 사라진 데에는 아마도 1945년 이후 DDT 따위의 강력한 살충제 사용과 함께 사람도 많이 다치고 죽게 했던 연탄가스가 한 몫을 하지 않았나 싶다. 연탄가스중독의 주범인 일산화탄소(CO)는 산보다 20배나 세게 적혈구(헤모글로빈, hemoglobin)와 결합한다. 그래서 핏속에 산소(O_2)가 넉넉히 있어도 일산화산소가 모든 적혈구에 다 달라붙어 세포에 산소 공급이 되지 못한 이유로 빈대도 사라져버렸을 것이다.

빈대는 사람 체취(몸 냄새)나 이산화탄소를 맡고(눈치채고) 먹잇감을 찾는다. 모기 따위도 매한가지로 그런 화학물질이 있는 곳으로 달려가니 이를 양성(+) 주화성이라 한다. 모기가 모기향 냄새를 맡고 식겁하여 얼씬도 안 하는 것은 음성(-) 주화성이다. 또 빈대는 두 개의 더듬이에 열감지기가 있어 체열을 느끼고 살금살금 가까이 기어드니 이는 양성 주열성인 셈이다. 종에 따라 다르지만 섭씨 16도 이하에서는 동면(겨울잠)에 드는데, 지독한 녀석이라 아무것도 먹지 않고도 거뜬히 반 년 넘게 견딘다고 한다.

빈대 붙다 속되게 남에게 빌붙어서 득을 보는 것을 이르는 말.

빈대 잡으려고 초가삼간(집) 태운다 크게 손해 볼 것을 생각지 않고 자기에게 마땅치 아니한 것을 없애려고 그저 덤비기만 함을 이르는 말.

빈대도 낯짝이 있다 / 족제비도 낯짝이 있다 지나치게 염치(얌통머리)가 없는 사람을 나무라며 하는 말.

빈집의 빈대 먹지 못하고 굶주려서 바싹 여윈 모양을 이르는 말.

장발에 치인 빈대 같다 물건이 몹시 납작하여 볼품이 없거나 봉변(망신스러운 일)을 당하여 낯을 들 수 없게 체면이 깎임을 이르는 말. '장발'이란 장롱 밑에 괴는 물건을 말한다.

초가삼간 다 타도 빈대 죽어 좋다 비록 자기에게 큰 손해가 있더라도 제 마음에 들지 아니하던 것이 없어지니 상쾌하다는 뜻.

모기

인간을 가장 많이 죽이는 무서운 동물

모기(문, 蚊, mosquito)는 모기과의 곤충으로 우리나라에 50여 종이 살고, 학질을 옮기는 놈, 뇌염을 매개하는 놈 등이 있다. 사실 모기는 인간을 가장 많이 죽이는 무서운 동물이다. 아프리카에서만 1년에 백만여 명이 말라리아(학질)로 죽는다고 하니 말이다. 무엇보다 모기는 파리 무리와 함께 날개가 한 쌍으로 뒷날개는 퇴화하고 앞날개만 남았다. 그래서 날개가 넉 장인 파리나 모기 그림을 그렸다면 그건 난센스(이치에 맞지 아니함)다.

잠을 청하려다 앵! 하고 대드는 모기 소리에 놀라 온 실핏줄이 바짝 쪼그라들 때가 있을 것이다. 귓가에 들리는 모기 소리에 반사적으로 손바닥을 휘둘러 내리치지만 딱! 제 볼때기만 아플 뿐 허탕이다. 이른바 모기 날개의 진동음이 앵 하는 소리다. 알고 보면 그 소리는 자기들끼리 알리고, 또 암수가 보내는 사랑의 신호다. 그런데 3밀리그램밖에 안 되는 그 작은 놈이('mosquito'는 포르투갈어로 '작은 파리'란 뜻임) 1초에 250~500번이나 날개를 떤단다!

모기는 알, 애벌레(유충), 번데기, 어른벌레(성충) 시기를 거치는

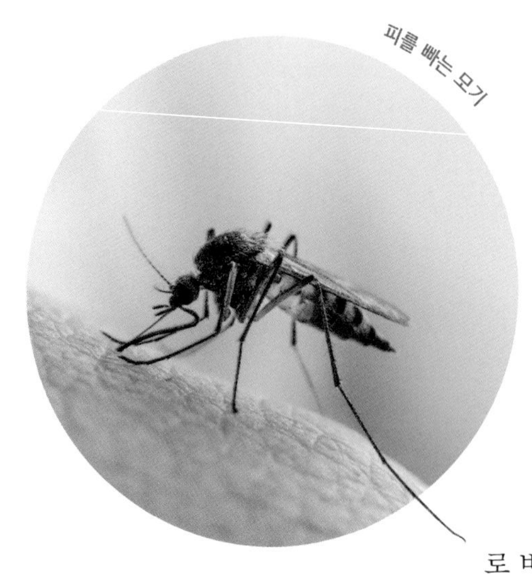

완전변태(갖춘탈바꿈)를 한다. 또 고인 구정물에 알을 낳고, 며칠 만에 까여서 구지렁물 속 세균을 먹고 자라 장구벌레(타악기인 장구를 닮아 붙은 이름)가 되며, 1~2주 안에 4번 탈피(허물벗기)하여 곧바로 번데기로 바뀐다. 번데기는 2~3일 안에 날개돋이하여 성충이 된다.

모기는 보통 때 풀물이나 나뭇진을 빨지만, 암컷 모기는 알을 낳으려면 동물 피가 있어야 한다. 그런데 모기가 깨물 때 침 속에 든 진통제 탓에 아픈 줄 모르고, 또 항응고제(피가 굳는 것을 막는 물질) 때문에 피가 굳지 않으니 단숨에 술술 빠는 것이다.

모기에 물린 자리는 백혈구(흰피톨)가 몰려와 히스타민(histamine)을 마구 분비하기에 벌겋게 부어오르면서 가렵거나 쓰라리다. 그리고 그것은 모세혈관(실핏줄)을 확장(늘려 넓힘)시켜 피를 많이 흐르게 하여 빨리 낫게 한다.

모기 눈은 있으나마나라 모든 자극은 더듬이(안테나, antenna)가 받아들인다. 모기는 사람이 내뿜는 체온(열기)·습도·이산화탄소와 땀에서 나는 지방산·유기산·젖산 등의 온갖 냄새가 풍기는 곳(쪽)

으로 내처 몰려든다. 이 때문에 대사기능이 떨어지는 노인보다는 활발한 어린이가, 또 병약한 사람보다는 건강한 사람이 모기를 탄다(몰려든다).

그러면 모기는 과연 방문이나 창문의 위, 중간, 아래 중 어느 곳으로 날아들까? 무거운 찬 공기는 아래로 들어오고, 가벼운 더운 공기는 위쪽으로 빠지는 것이 대류(공기의 흐름)의 원리다. 그래서 더운 몸에서 내는 열이나 땀 따위의 뭇 화학물질은 천장으로 올라가 문 위쪽으로 흘러 나가기에 모기는 그 냄새를 맡고 위로 날아든다(양성 주화성).

사람 신경계에도 썩 해로운 모기향이나 유아용 매트(전자 모기약)를 코 밑이나 방바닥에 놓지 말고 옷장이나 책장 위에 올려놓아야 한다. 모기향이 열 받은 공기를 타고 위쪽으로 돌아서 문으로 나가기에 모기가 그 냄새에 얼씬도 못한다(음성 주화성). 꼭 그리하시라. 과학의 원리를 알면 건강까지 지킨다! 참고로 모기향은 국화과 식물인 제충국에서 뽑는데 피레트로이드(pyrethroid)라는, 모기가 매우 싫어하고 사람에게도 무척 해로운 신경마비물질이 들었다.

옛날 시골에서는 마당에 풀이나 볏짚, 왕겨 등을 태운 모깃불로 모기를 쫓았으니 온 사방에서 나는 이산화탄소 등의 연기 냄새가 목표물을 가늠(겨냥)하지 못하게 방해했던 것이다. 그렇게 모기에 물리는 것보다는 매운 연기를 맡았던 것!

이런 말 들어봤니?

모기 다리에서 피 뺀다 하는 짓이 몹시 잘거나 깐깐하다.

모기 다리의 피만 하다 아주 하찮은 일이거나 매우 적은 분량을 뜻하는 말.

모기 대가리에 골을 내랴 불가능한 일을 하려듦을 비웃는 말.

모기도 낯짝이 있지 염치없고 뻔뻔스러움을 이르는 말.

모기도 모이면 천둥(우레)소리 난다 힘없고 나약한(가냘픈) 것이라도 많이 모이면 큰 힘을 낼 수 있다는 말.

견문발검(見蚊拔劍) 모기를 보고 칼을 뽑는다는 뜻으로, 시시한 일로 소란(아우성)을 피우거나 보잘것없는 일에 어울리지 않게 엄청난 대책(계획)을 세움을 이르는 말.

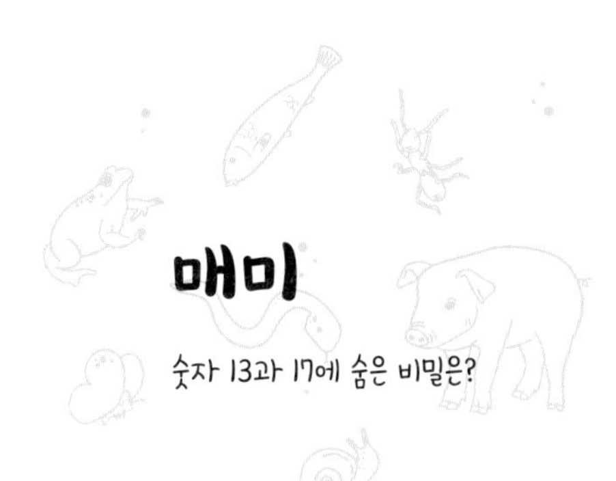

매미

숫자 13과 17에 숨은 비밀은?

매미(선, 蟬, cicada)는 절지동물의 매미과 곤충으로 우리나라에는 참매미·말매미·애매미·풀매미 등 15종이 있다. '맴맴' 운다고 '매미'라 이름 붙은 매미는 종에 따라 크기가 가지각색이다. 일반적으로 몸 위에는 검은색 바탕에 녹색·흰색·노란색 무늬가 퍼져 있으며, 아랫면은 연녹색이다. 커다란 겹눈이 머리 양쪽에 툭 불거졌고, 겹눈 사이에 홑눈 3개가 있으며, 더듬이가 아주 짧다. 입은 긴 침(바늘) 꼴로 나무줄기를 찔러 생즙을 빨므로 "매미가 이슬 먹고 산다"는 말은 말짱 거짓말이렷다.

매미는 알, 애벌레, 성충의 한살이(일생)를 가지며, 번데기 시기가 없는 불완전변태(못갖춘탈바꿈)를 한다. 굼벵이란 매미나 풍뎅이, 하늘소 등 딱정벌레 무리의 유충(애벌레)으로 동작이 굼뜬(느린) 느림보를 비겨(빗대어) 쓰기도 한다. 매미 암컷은 배 끝에 달린 바늘 모양의 산란관(알 낳는 관)으로 죽은 나뭇가지에 지름이 2밀리미터 정도인 알을 보통 5~10개씩, 30~40군데에 낳고 죽는다.

알 상태로 1년을 지낸 뒤 비 오는 날에 서둘러 부화(알까기)한 흰

참매미

참매미의 탈피

유충은 땅바닥으로 떨어져, 부드러운 흙을 센 다리로 20~30센티미터쯤 파고 들어가 나무뿌리 수액을 빨아먹으며 7년을 그 속에서 자란다. 4번을 잠자고(허물을 벗고) 난 유충은 흙을 뚫고 나와 나무둥치(나무밑동)나 잎줄기에 매달려 날개돋이(우화)하여 성충이 되지만, 고작 한 달 못 살고 간다.

온몸을 부르르 떨며 힘주기 시작한 지 30분쯤이면 여리고 창백한 몸이 불쑥 밖으로 튀어 나오면서 날갯죽지를 쫙 펴고, 건듯건듯(빠르게 대강대강) 물기를 말린다. 매미 허물(선퇴)은 하나같이 누르스름한 개흙을 뒤집어쓰고는 하늘로 머리를 두고 있다. 날개가 마르자마자 성큼 어색하고, 맥없는 울음소리를 터뜨리기 시작한다.

틀림없이 그 녀석은 수컷이다. 암컷은 소리를 지르지 못하는 음치이기에 말이다.

그런데 미국 매미들 중에는 13년, 17년마다 어른매미가 되어 나오는 종들이 있다. 이 주기는 매미의 천적(목숨앗이)인 버마재비(사마귀)나 말벌이 많이 생겨나는 해(보통 3년이거나 5년 주기)와 겹치지 않는다. 신통하게도 이렇게 천적을 피해가니 매미의 슬기로움이 13과 17이란 숫자에 들었다 하겠다.

매미는 곤충 중에서 가장 높은 음을 내지른다. 가장 더울 때 제일 높은 소리를 낸다는데 느닷없이 한꺼번에 맴맴, 쓰름쓰름 울어젖히다가 문득 조용해지기를 거듭 이어간다(개구리 합창도 다르지 않음). 이렇게 떼거리로 왱왱, 와글와글 소리 질러 먹잇감을 노리는 포식자(천적 동물)로 하여금 쉽게 표적을 찾지 못하게 혼란시키는 요령(잔꾀)이다. 끝내주는 생존전략(살아남기 위한 전술)이다!

조선의 임금이 평상복(보통 때 입는 옷)으로 나랏일을 볼 때 머리에 쓴 관모(벼슬아치들이 쓰던 모자)를 '매미관(익선관)'이라 한다. 관모 꼭대기에 매미 날개(익선) 모양의 뿔 2개가 위쪽을 보고 있다. 1만원짜리 지폐 속 세종대왕 관모(익선관)를 세심히 볼 것이다. 관모에 매미 날개가 없는 것은 서리, 날개가 길게 옆으로 난 것은 백관, 날개가 위로 선 것은 임금의 관이었으니 이는 늘 청순(깨끗하고 순수함)한 매미를 닮으라는 뜻이다.

굼벵이가 지붕에서 떨어지는 것은 매미 될 셈이 있어 떨어진다 굼벵이가 떨어지면 남들은 잘못하여 떨어졌으려니 하고 비웃을 것이나 제 딴에는 매미가 될 뚜렷한 목적이 있어 떨어진다는 뜻으로, 남 보기에는 못나고 어리석어 보여도 그렇게 하는 것은 다 그 자신에게는 요긴한(중요한) 뜻이 있어 하는 것임을 빗대어 이르는 말.

그늘 밑 매미 신세(팔자) 부지런히 일하지 아니하고 놀기만 하면서 편안히 지내는 처지(형편)를 이르는 말.

우렁이

더듬이를 보면 암수를 알 수 있다?

우렁이(전라, 田螺, river snail)는 땅에 사는 달팽이, 강에서 나는 다슬기나 쇠우렁이, 바다의 소라나 갯고둥 등 배배 꼬인 석회질 껍데기(패각, 貝殼)를 둘러쓴 연체동물의 복족류(고둥 무리)를 통틀어 부르는 말이다. 그래서 내용이 복잡하여 헤아리기 어렵거나 의뭉스런(엉큼한) 마음씨를 비유하여 '우렁잇속'이라 부르기도 한다. 또한 '우렁 각시'라는 설화(있지 아니한 일이 사실처럼 입으로 전해오는 이야기)가 여럿 있으니 그중 하나를 소개한다.

가난한 노총각이 밭일을 하다가 "이 농사를 지어 누구랑 먹고살지?" 하자, 어디선가 "나랑 먹고살지, 누구랑 먹고살아."라는 소리가 들려서 찾아보니 우렁이였다. 그 우렁이를 가져와 물독(항아리)에 넣어두었는데 그 뒤부터는 들일을 갔다 오면 밥상이 차려져 있었다. 이상하게 여겨 숨어 살펴보았더니, 우렁이 껍데기 속에서 예쁜 처녀가 나와 밥을 지어 놓고 도로(다시) 들어갔다.(……) 총각이 처녀에게 같이 살자 하자 처녀는 아직 같이 살때가 안 되었으니 좀 더 기다리라고 하였다. 그러나 총각은 억지로 함께 살았다.(……) 하루는 각시가 자기를 처로 삼으려는 마을 원님에게 그만 붙잡혀 가게 되었다. 이를 안 총각은 애를 태우다가 마침내 죽어서 파랑새가 되었고, 우렁이 각시도 죽어 참빗이 되었다.

우렁이 하면 옛날 우리 식탁에 올랐던 토종 '논우렁이'가 대표적일 것이다. 논우렁이는 논·강가·늪(습지)·연못·호수에 사는 연체동물의 복족류로 예부터 써온 토속어(향어)로 논고둥·골부리·골뱅이·논골뱅이라 불린다.

논우렁이는 껍데기가 매끈하고, 서식지(자리 잡고 사는 곳)에 따라 연녹색, 흑색, 황색 등 여러 색깔이며, 폭 3센티미터, 높이 5~6센티미터 정도의 원뿔(원추) 모양이다. 껍질 꼬임은 5층이고, 주둥이는 넓고 둥글며, 입을 틀어막는 달걀 모양의 야문 각질(케라틴) 뚜껑이 있다. 물풀·녹조류(물이끼)·돌에 끼인 물때·진흙 속 유기물질을 먹고, 백로 따위의 물새 먹잇감이 되며, 한국·일본·중국·동남아·러시아 등지에 흩어져 산다.

논우렁이는 자웅이체(암수딴몸)로 암컷 몸 안에서 알이 수정, 발생하여 유생(새끼 고둥)이 되어서 태어난다. 이런 발생을 난태생이라 하며, 알을 낳는 난생이나 어미 몸 안에서 양분을 얻어먹고 커서 태어나는 태생과 구별한다.

논우렁이(암컷)

껍데기로는 논우렁이 암수를 분류(구별)하지 못하지만 더듬이(촉각)를 보면 안다. 암컷은 두 더듬이를 모두 쭉 곧게 뻗는 데 비해 수컷은 오른쪽 더듬이(논우렁이 입장)가 작으면서 끝자락이 살짝 고부라져(꼬부라져) 있다. 꽤 드문 일로 그 고부라진 더듬이는 수컷 생식기 역할을 한다.

한편 제초제(농약)를 쓰지 않고 벼논의 김(잡풀)을 오리가 먹어 치우게 하는 '오리농법'과 남미(남아메리카)에서 들여온 '섬사과우렁이'가 뜯어 먹게 하는 '우렁이농법'이 있는데 우렁이농법으로 키운 볍쌀을 흔히 '우렁이총각쌀'이라 한다. 섬사과우렁이는 거의 없어진 재래종 논우렁이 대용(대신하여 씀)으로 따뜻한 남부지방에서 많이 키운다.

우렁이 속에도 생각이 들었다 아무리 어리석고 못난 사람이라도 다 나름대로의 생각을 갖고 있다는 말.

우렁이도 두렁(두둑) 넘을 꾀가 있다 미련하고 모자라도 다들 한 가지 재주(소질)는 있다는 말.

우렁이도 집이 있다 하찮은 우렁이도 다 제집이 있다는 뜻으로, 집 없는 사람의 서러운 처지를 한탄(한숨지음)하여 이르는 말.

달팽이

큰 더듬이에 눈이 달렸다면 작은 더듬이엔 코가 달린 셈

달팽이(와우, 蝸牛, land snail)는 연체동물의 복족류로 땅(육지)에 산다. 아마도 밤하늘의 둥근 '달'을 닮았고, 얼음판에 지치는 팽글팽글 돌아가는 '팽이'를 닮아 '달팽이'로 이름 지어진 것이리라. 하늘의 달과 땅의 팽이, 둘의 짝지음이 썩 마음에 든다.

옛사람들은 달팽이를 '蝸牛'라 불렀으니 '蝸'는 달팽이, '牛'는 소라는 뜻으로 행동이 소처럼 느릿하다는 뜻이 들었다. 느림보 달팽이의 모나지 않은 둥그스름한 모습과 어눌한 됨됨이 탓에 어쩐지 절로 살가운 마음이 들고 사뭇(마구) 끌린다. 사실 필자는 그 많은 생물 중에서 보잘것없는 달팽이·조개·고둥 따위(연체동물)를 전공(전문적으로 연구함)하고 달팽이 연구로 박사학위를 받은지라 별명이 '달팽이 박사(Dr. snail)'다.

달팽이를 눈여겨 살펴보면 신기하게도 더듬이 넷을 가지고 있다. 다시 말해서 달팽이는 뿔(각·角)이 네 개 난 동물이다. 위엔 한 쌍의 큰 더듬이(대촉각)가 있고, 아래엔 작은 더듬이(소촉각) 둘이 있다. 간들거리는 대촉각 끝에는 똥그란 달팽이 눈이 올라앉았으니 물체를 잘 보지는 못하나 명암(밝고 어둠)을 분별(구별)한다. 곧추선 큰 더듬이는 잇따라 설레설레 흔들어대는 데 비해 소촉각은 늘 아래로 구부려 절레절레 흔들면서 냄새 · 기온 · 바람 · 먹이를 알아낸다. 대촉각에 '눈'이 달렸다면 작은 것에는 '코'가 달린 셈이다.

촉각 꼭대기의 달팽이 눈을 살짝 건드려보면 얼김(어떤 일이 벌어지는 바람에 자기도 모르게 정신이 얼떨떨한 상태)에 눈알이 더듬이 안으로 또르르 말려 들어갔다가 이내 곧 쪼르르 펴지면서 볼록 나온다. 치켜세운 더듬이 넷이 제 맘대로 엇갈려 이리저리 한들거리는 것을 보고 있으면 괴이하다는 생각이 든다.

달팽이는 풀이나 이끼를 먹는 초식동물(식물을 주로 먹고 사는 동물)로 알을 낳는다. 또 지렁이처럼 알과 정자를 다 만드는 자웅동체(암수한몸)이면서도 결코 스스로 수정하지 않고 반드시 다른 놈과 짝짓기(교미)를 하여 정자를 서로 바꾼다. 식물도 제 꽃의 암술·수

나선형의 껍데기가 있는 달팽이

술끼리는 수분(꽃가루받이)이 일어나지 않는다. 달팽이나 식물이 우리 사람보다 우생(좋은 유전형질을 보존하여 자손의 본바탕을 나아지게 하는 일)을 먼저 알아서 제 정자(꽃가루)와 난자(암술)가 수정(수분)하면 좋지 않은 자식(열매)이 난다는 것을 이미 알고 있었던 것이다. 그러니 누가 뭐라 해도 달팽이와 푸나무(풀과 나무)는 우리 인간들의 선생님이다!

달팽이나 껍데기(집) 없는 민달팽이는 기어간 자리에 흰 발자취를 남긴다. 발바닥에서 점액을 듬뿍 분비하여 그 위를 스르르 쉽게 미끄러져 가는데 점액이 마른 자리가 허옇다. 달팽이는 반딧불이 애벌레나 다른 딱정벌레·새·도마뱀의 먹잇감이 되는 등 먹이사슬에서 중요한 몫을 차지하니 달팽이가 많아야 반딧불이도 번성한다. 이름난 프랑스 달팽이 요리(에스카르고, escargot)는 식용 달팽이로 만든다.

껍데기가 없는 민달팽이

달팽이 눈이 되다 민망스럽거나 핀잔을 받거나 할 때 움찔하거나 겸연쩍어함을 이르는 말.

달팽이 뚜껑 덮는다 입을 꼭 다문 채 좀처럼 말을 하지 않다.

달팽이가 바다를 건너다니 도저히 불가능한 일이라 말할 거리도 안 된다는 말. '바다를 건너는 달팽이'란 바다에 사는 소라 따위를 뜻하는 것이다.

달팽이도 집이 있다 / 까막까치도 집이 있다 달팽이 같은 것도 집이 있는데 하물며 사람으로서 어찌 집이 없겠냐는 말. '까막까치'란 까마귀와 까치를 아울러 이르는 말이다.

지나가는 달팽이도 밟아야 굼틀한다 가만히 있는 사람도 누가 건드려야 화를 내고 덤빔을 빗대어 이르는 말.

와우각상쟁(蝸牛角上爭) / 와각지쟁(蝸角之爭) 달팽이 뿔(더듬이) 위에서 싸운다는 뜻으로, 사실 별것도 아닌 것을 가지고 다투는 것을 비유하여 이르는 말.

사마귀(버마재비)

수컷은 짝짓기가 두렵다!

사마귀(당랑, 螳螂, praying mantis)는 절지동물, 사마귀과의 곤충이다. 흰개미나 바퀴벌레와 비슷한 종으로 우리나라에는 사마귀, 왕사마귀 등 4종이 있고, 일본·중국 본토에도 산다. 사마귀를 흔히 버마재비라고도 하는데 둘 다 널리 쓰이므로 모두 표준어로 삼는다고 한다.

사마귀란 말에는 딴 벌레를 닥치는 대로 마구 잡아먹는 무서운 놈이라 '사악한 마귀'란 뜻이 녹아 있는 듯하고, 버마재비는 '범의 아재비', 곧 무서운 범 닮은 아재비(아저씨)란 뜻이 들었다고 보겠다. 곤충 사마귀가 사람 손등에 오줌을 싸면 사마귀(도도록한 군살)가 생기고(거짓임), 바이러스의 감염으로 생기는 바이러스성 사마귀를 사마귀에게 뜯기면 낫는다고 사마귀를 '오줌싸개'라 부르기도 한다.

사마귀는 육식동물로 몸길이는 60~85밀리미터이고, 몸빛(체색)은 녹색이거나 연갈색이며, 암컷이 수컷보다 훨씬 크다. 머리는 역삼각형(밑변을 위로, 꼭짓점을 아래로 한 삼각형)으로 몸에 비해 작고, 더듬이는 매우 가늘며, 머리에는 별나게 커다란 겹눈(복안)이 불거져 나와 있어 무섭게 느껴진다. 가슴은 좁고, 배는 크며, 목이 가늘고, 머리를 사방팔방(300°)으로 까닥까닥 마음대로 움직인다. 풀을 베는 낫 닮은 앞다리로 먹이를 잡는데 긴 가시돌기가 한가득 나 있어 꽉 잡고 절대로 놓치지 않는다. 그래서 사마귀를 손으로 잡을 때는 앞발이 닿지 않는 등짝을 조심스럽게, 또 잽싸게 쥔다. 보드라운 막으로 된 날개는 짧고 넓적하며, 등에서 배까지 덮고 있다.

사마귀는 주행성(낮에 활동하는) 동물로 나뭇가지나 잡풀, 곡식밭에 숨어 두 다리를 착 오므려 치올리고 먹이가 가까이 오기를 오도카니(우두커니) 한자리에서, 죽은 척 하염없이(끝없이) 기다린다. 그

앞다리로 먹잇감을 꽉 붙잡고 먹는 사마귀

렇게 노려보고 있다가 먹잇감이 꽤나 근접(가까이 다가옴)했다 싶으면 잠깐 멈칫하다가는 날쌔게 몸을 홱 날려 먹잇감을 덮친다. 힘센 앞다리로 잡아챈 다음에 꽉 붙잡고는 쩝쩝, 억센 입으로 잘근잘근 씹는다. 곤충 벌레 말고도 때로는 개구리나 도마뱀과 같은 척추동물(등뼈동물)도 사냥감이 된다.

겨울이 머지않은 늦가을에 접어들었다. 갖은 교태(아양) 다 부려 암컷 마음을 끈 수컷은 조심스레 암놈 등짝에 올라 앞다리로 암놈의 가슴팍을 꽉 붙잡고는 애써 짝짓기를 한다. 그런데 거미 따위가 그렇듯이 교미(交尾, 짝짓기)하는 중에 사마귀 암컷이 느닷없이 기습(갑자기 들이침)하여 수컷을 잡아먹으니 이런 습성(버릇)을 '성적(性的) 동족포식'이라 한다. 교미 중인 수놈을 낚아채 머리부터 어귀적어귀적, 자근자근 씹어버리기에 속절없이 머리통을 잃은 수컷은 자기 죽음을 알아채고는 더 세게 정자를 쏟아낸다. 아무래도 죽어 썩을 몸인데 암컷에 먹혀서 튼실한 알을 만들고 튼튼한 새끼가 나오게 하는 것이 참으로 옳은 길 아닌가!

버마재비(사마귀) 매미 잡듯 뜻밖에 갑자기 습격함(덮침)을 이르는 말.

버마재비가 수레를 버티는 셈 북한어로, 제 힘에 부치는(제 분수도 모르고) 엄청난 상대에 맞서려는(덤벼드는) 무모(턱없이 어리석음)한 짓을 이르는 말.

당랑거철(螳螂拒轍) 사마귀가 수레바퀴를 막는다는 뜻으로, 자기의 힘은 헤아리지 않고 힘센 자에게 함부로 덤빈다는 중국 고사에서 유래한 말. 춘추시대 제나라 장공이 수레(달구지)를 타고 사냥터로 가는데 웬 벌레 한 마리가 앞발을 도끼처럼 휘두르며 수레를 쳐부술 듯이 덤벼들었다. 마부에게 그 벌레에 대해 묻자, 마부가 "저것은 당랑(사마귀)이라는 벌레입니다. 나아갈 줄만 알고 물러설 줄을 모르는데 제 힘은 생각하지도 않고 적을 가볍게 보는 버릇이 있습니다."라고 하였다. 그러자 장공은 "이 벌레가 사람이라면 반드시 천하에 용맹한 사나이가 될 것이다."라면서 수레를 돌려 피해 갔다고 한다.

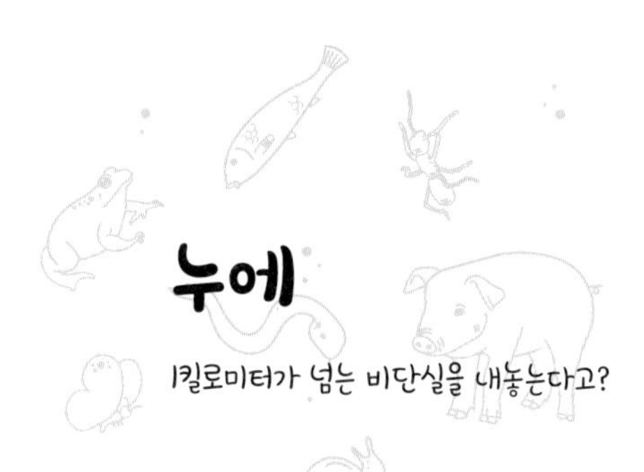

누에

1킬로미터가 넘는 비단실을 내놓는다고?

이른 아침 뽕밭에 들려 대소쿠리(대로 만든 바구니)에다 뽕잎을 수북이 따서 마른 수건으로 애지중지, 잎잎이(잎 하나하나) 이슬을 닦고는 누에들에게 흩뿌려 준다. 누에가 어릴 때는 쫑쫑 썰어주지만 다 크면 통째로 휙휙 던져준다. 누에는 뽕잎 냄새를 맡고 무섭게 설레발치며(몹시 서두르며 부산하게 굶) 달려든다.

누에(잠, 蠶, silkworm)는 누에나방과의 곤충 나방 유충으로 이미 5000년 전에 중국에서 야생하는 '산누에나방'을 순치(馴致, 길들이기)한 것이다. 몸통이 원통형이며 몸은 13마디로, 11마디 등 쪽에 뾰족한 뿔(미각)이 우뚝 솟아 있다. 몸 색깔은 희뿌연 젖빛이고, 연한 키틴질 껍질로 덮여 몸이 매끈하고 부드럽다.

누에나방의 한살이(일생)는 알, 유생(애벌레), 번데기, 성체(어른벌레)로 알에서 부화한 한 살배기(1령, 처음 알에서 깬 누에가 첫 번째 잠을 잘 때까지의 동안) 새끼 누에는 3밀리미터 남짓이고, 털이 부숭부숭 나서 '털누에', 새까매서 '개미누에(의잠)'라 한다. 누에가 머리를 꼿꼿이 세우고 죽은 듯 꼼짝 않고 있는 것을 '누에잠'이라 하는데, 이

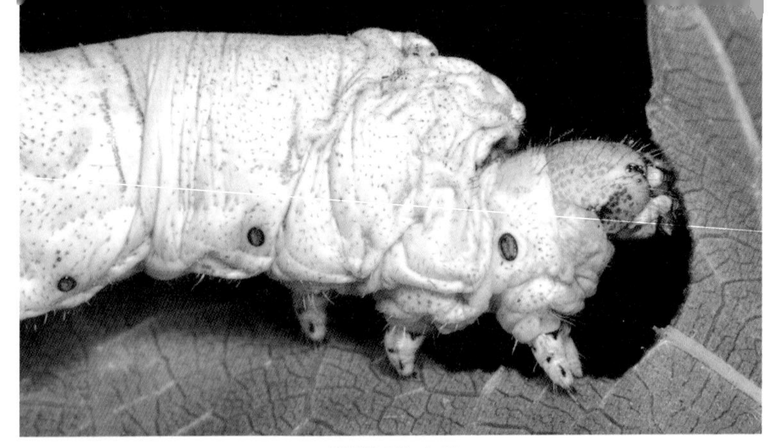

뽕잎을 먹는 누에

누에나방

허물벗기를 위한 누에잠

것은 탈피(허물벗기)를 위한 준비 과정으로 보통 하루면 탈피를 끝마친다. 누에는 한잠 자고(허물 벗고) 날 때마다 허기(시장기)를 느껴 무척 먹새가 좋아진다.

4번 잠자고(4번 허물을 벗고) 난 뒤 5령 막판에 가서 고치를 짓기 시작하는 누에를 '넉잠누에'라 한다. 그 무렵엔 색이 누르스름해지고, 살갗이 딱딱해지면서 행동이 둔해진다. 곁에다 누에섶(누에가 올라 고치를 짓게 차려주는 마른 댓가지나 소나무 가지)을 얼기설기 얽어두면 대뜸 가지가지로 스멀스멀 기어올라, 모가지를 이리저리 흔들며

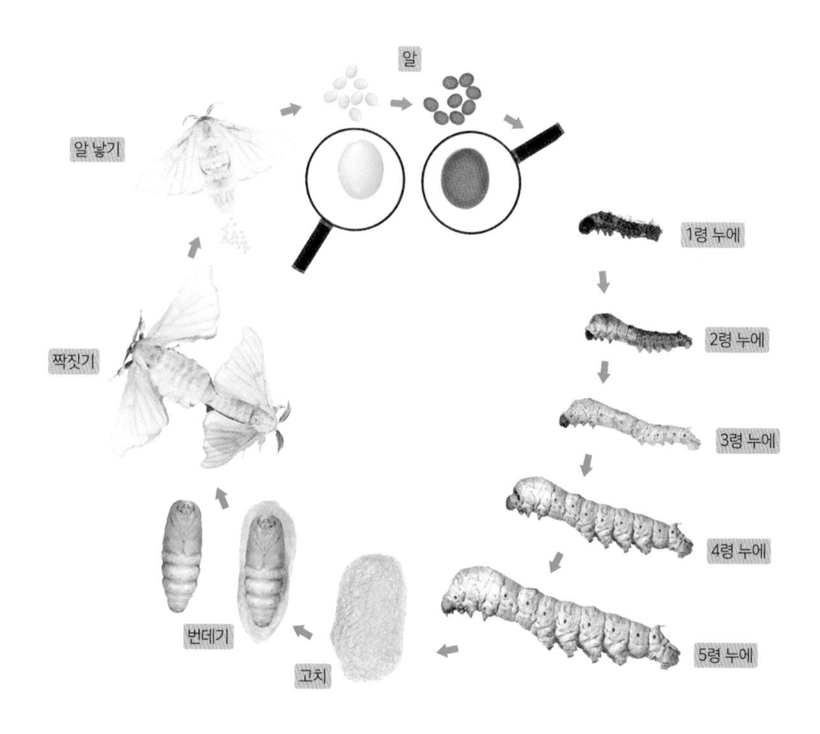

누에나방의 한살이

명주실샘(견사선)에서 명주실을 뽑아 켜켜이 몸을 둘러싸고선 그 속에 틀어 앉는다. 알고 보면 천적에게서 보호하자는 행위로, 씨알 굵은 새하얀 고치들이 온 사방에 나무 열매처럼 주렁주렁 멋지게 달린다.

60시간에 걸쳐 1200~1500미터의 비단실로 지은 자루 꼴인 고치(방) 속에 자리 잡고, 70여 시간 만에 번데기로 변하며, 그 뒤 12~16일이면 나방이 된다. 번데기가 날개를 달고 어른벌레로 바뀌는 것을 날개돋이(우화)라 하는데, 누에고치 안에서 우화한 나방은 주둥이에서 뱉은 가수분해(소화)효소로 고치 한쪽 끝자락을 녹여 조붓하고(좁고) 똥그란 구멍을 내고 나온다. 나방들은 아무것도 먹지 않고 오직 짝짓기에 바쁘다. 교미를 끝낸 암컷 나방은 500~600개의 알을 가지런히 낳고, 짝짓기하고 죽은 수컷처럼 시나브로 죽고 만다.

누에는 버릴 게 없다. 비단(실크, silk)을 얻는 것은 물론이고, 누에가 건강에 좋다고 인기다. 게다가 고치를 통째로 삶아(삶으면 실이 쉽게 풀림) 비단실을 뽑고 남은 것이 번데기인데, 다른 나라 사람들이 우리가 번데기 먹는 것을 이상히 여긴다 해도 맛있기만 한 걸 어쩌랴! 요새는 양잠업(누에치기)이 시들하여 번데기도 귀물(드물어서 얻기 어려운 물건)이 되었다고 한다.

고치를 짓는 것이 누에다 누에가 고치를 짓지 않으면 누에라고 할 수 없듯이 누구나 제 본분을 다해야 한다는 말.

누에가 뽕 먹듯이 일을 차례대로 하나하나 해 나감을 빗대어 이르는 말.

누에가 진 뽑아내듯 이야기를 수월하게 술술 이어 나가는 것을 빗대어 이르는 말.

잠자고 난 누에 같다 먹성 좋은 것을 빗대어 이르는 말.

누에(가) 오르다 누에가 고치를 지으려고 섶에 오르다.

뽕 내 맡은 누에 같다 마음에 흡족하여 어쩔 줄 몰라 하는 모양새를 빗대어 이르는 말.

거미

'스파이더맨' 초능력의 기원

거미(지주, 蜘蛛, spider)는 거미목에 속하는 절지동물을 총칭(전부를 한데 모아 두루 일컬음)하는 말이다. 현재 우리나라에는 27과 58속 140여 종이 살고 있고, 세계적으로 지금까지 명명(이름을 지어 붙임)된 거미만도 3만 5000종 이상일 것으로 본다. 그러나 어떤 거미 학자는 세상 거미를 샅샅이 뒤져 모두 확인하면 13만 5000종이 너끈(모자람 없이 넉넉함)할 것이라 한다. 이는 여태까지 알려지지 않은 거미 종류(종)가 엄청스레 많다는 뜻이다. 거미가 그럴진대 알려지지 않은 다른 생물은 이루 다 헤아릴 수 없이 많을 것이다. 청소년 여러분의 손길을 기다리는 거미들이다!

거미류는 곤충류와 전혀 다른 절지동물이다. 곤충은 머리·가슴·배 세 마디지만 거미는 두흉부(머리가슴)와 복부(배)로 나뉘고, 곤충은 더듬이(촉각)가 한 쌍이지만 거미는 더듬이가 없으며, 곤충은 가슴다리 3쌍이지만 거미는 두흉부에 4쌍의 다리가 있다. 또 곤충은 대개 날개가 2쌍이지만(모기나 파리 무리는 한 쌍임) 거미는 날개가 없으며, 곤충은 한 쌍의 겹눈과 3개의 홑눈이 있지만 거미는 겹

눈은 없고 8개의 홑눈만 있다. 그리고 거미는 불완전변태(못갖춘탈바꿈)를 하므로 번데기 시기가 없다.

어부는 강물에 고기 그물을 치고, 거미는 하늘에다 벌레 그물을 매어 먹이 사냥을 한다. 높다란 나무 사이에 커다란 거미집이 덩그레 달렸다. 눈치 빠르고 똑똑한 거미는 먼저 한쪽 나무로 기어 올라가 꼬리에 실을 매달고는 번지점프(bungee jump) 하듯 곤두박질하여 공중에 흔들흔들 떠 있다. 그렇게 여덟 다리를 쫙 벌려 공기 부력(위로 뜨는 힘)을 높이면서 바람 맞을 준비를 한다. 흔들거리던 몸이 갑자기 불어제치는 바람에 밀려 저쪽 나무에 찰싸닥 닿으니 잽싸게 나뭇가지를 움켜잡는다. 이렇게 두 나무 사이에 단단한 밧줄을 맨다.

앞에서 본 바람 탄 거미는 이 나무 저 나무를 오가며 자전거 바퀴살 꼴의 뼈대 줄(날줄/세로줄) 여럿을 사방팔방으로 펼친다. 거미 종류나 크기에 따라 다르지만 보통은 자전거 바퀴살(살대) 같은 뼈대 날줄 40여 개를 팔방으로 죽죽 펼치고, 그 둘레로 동심원(같은 중심을 가지며 반지름이 다른 두 개 이상의 원)상 씨줄(가로줄) 30여 개를 빙글빙글 둘러쳐 나간다. 하도 잽싸고 능숙한 솜씨라 집 한 채 마무르는(끝내는) 데 한 시간이면 족하다. 다 마무리하고 나면 가운데로 엉금엉금 기어가, 머리를 아래로 두고 매달리거나 집 가장자리 한구석에 숨는다.

거미는 보통 하루에 한 번 새 집을 짓는데 어떤 거미는 하루에 다섯 번이나 줄을 걷어치우고 새로 그물을 친다고 한다. 물론 비 오고 바람 부는 궂은 날에는 거미도 집 짓기를 하지 않는다. 한편 '아침 거미는 복 거미(길조)고 밤에 보는 거미는 근심 거미(흉조)'란 속설(예부터 내려오는 이야기)이 있다.

거미 눈은 있으나 마나 하고, 대신 다리에 난 3000개가 넘는 진동 감각기(센서)로 주변 일을 알아차린다. 기다림에 이골(익히 터득한) 난 거미는 기다란 발 하나를 '신호줄'에 턱 걸쳐놓는다. 벌레가 걸리면 거미줄 진동(떨림)이 설렁줄(잡아당기면 소리가 나도록 방울을 달아 처마 끝 같은 곳에 매어놓은 줄)에 전해지고, 진동을 느낀 거미가 들입다(세차게 마구) 재우쳐(재빨리) 달려간다.

거미는 먹잇감이 끈적끈적한 거미줄에 찰싹 걸리면 다리로 뱅글뱅글 돌려가면서 실로 꽁꽁 묶어 꼼짝달싹 못 하게 한다. 허기지면 바로 먹어 치우지만 배부르면 물어다 귀퉁이에 숨겨놓거나 그 자리에 매달아 갈무리(보관)한다. 보통은 깨물지 않고 산 채로 둘둘 감아버리는데, 나비나 나방처럼 몸에 비늘이 있어 도망치기 쉬운 놈

긴호랑거미

들은 깨물어 독액으로 마비(기절)시키고 얽동여서(꽁꽁 묶어서) 대롱대롱 매단다. 물론 먹을 때는 이빨로 찔러 소화액으로 녹여 먹는다.

거미는 생활 방식에 따라 3가지로 나눈다. 나뭇가지 사이나 돌틈, 구석진 곳 등에 그물을 치는 거미, 한자리에 머물러 사는 땅거미나 물거미(정주형), 돌아다니다가 먹을 것을 발견하면 잡아먹는 떠돌이 거미가 있다. 높다란 공중에다 널따랗게 집을 짓는 놈은 전체 거미의 1/3 정도이고, 땅거미는 깔때기 모양의 덫(함정)을 쳐놓는다. 덫 위에다 거미줄 너스레(흙구덩이에 걸쳐놓는 막대기)를 깔아놓고 안에 몰래 숨어 있다가 먹잇감이 허방(구덩이)에 빠지면 뛰어나와 덮친다.

그런데 어찌 끈끈한 실에 제 몸(다리)은 달라붙지 않을까? 흔히 우리는 거미줄이 모두 끈적거린다고 생각하지만 날줄은 나일론실처럼 매끈하고, 씨줄만이 끈적거린다. 다시 말해서 거미가 그물 위를 어슬렁거릴 때 날줄만 밟지 진득한 씨줄은 건드리지 않는다. 거

별늑대거미

미줄이 쩍쩍 붙는 것은 씨줄에 끈적거리는 현미경적인(현미경을 통해 보아야 할 만큼 작은) 작은 구슬들이 달려 있기 때문이란다.

거미줄은 단백질로 거미 몸 속 실샘(견사선)에 있을 때는 액체이지만, 실을 뽑는 방적돌기(실젖)에서 나와 공기를 만나자마자 수소결합을 하면서 곧바로 단단한 고체로 변한다. 탄력(팽팽하게 버티는 힘)이 좋아서 네 배까지 늘어나며, 뼈보다 단단하고, 강철이나 나일론보다 질기다고 한다. 영화 속 '스파이더맨'의 거미줄도 이 같은 특징에서 나온 것이렷다!

집 짓기는 암컷이 하는데, 수컷은 빈둥빈둥 근처에 서성거리기만 한다. 암컷이 무지하게(지나치게) 크다면 수컷은 너무 작아서(어떤 종은 고작 암놈의 1%에 지나지 않음) 딴 종으로 보인다. 암컷이 커다란 집 한가운데서 한갓지게(한가하고 조용하게) 거꾸로 매달려 있고, 어리보기(말이나 행동이 다부지지 못하고 어리석음) 작은 수컷은 저 멀리 그물 끝자락에 머문다. 그나마 짝짓기를 끝내면 죽거나, 아니면 사마귀(당랑)처럼 교미하다가 암놈에게 잡아먹힐지도(평균 60%가 먹힘) 모를 수컷들이다.

짝짓기를 끝낸 암컷은 알 담을 고치주머니를 만들기에 온 힘을 쏟는다. 주머니 하나에 수천 개의 알(수정란)을 넣기도 하지만, 여러 주머니를 만들어 몇 개씩 갈라 넣기도 한다. 둥그스름한 알주머니는 돌이나 나뭇가지에 달아둔다. 아무튼 거미는 농사짓는 데 해충(해론벌레)들을 잡아먹는 매우 고마운 익충(이론벌레)이다.

거미 새끼 풍기듯(흩어지듯) 알에서 막 나온 거미 새끼들이 온 사방으로 흩어진다(풍긴다)는 뜻으로, 많은 사람이나 물건이 일시에 여러 방향으로 퍼져 나감을 빗대어 이르는 말.

거미 알 까듯(슬듯) 거미가 알을 여기저기 슬어놓듯이, 어수선하고 뒤숭숭하게 흩어져 있는 모습, 또는 좁은 곳에 많은 수가 모여 있음을 빗대어 이르는 말.

거미 줄 따르듯 매우 가까운 사이라서 늘 붙어 다님을 빗대어 이르는 말.

거미는 작아도 줄만 잘 친다 비록 몸집은 작아도 제 할 일은 다 한다.

거미도 줄을 쳐야 벌레를 잡는다 무슨 일이든 준비가 필요하다는 말.

거미줄도 줄은 줄이다 미약하나마 이름에 걸맞게 행동함을 이르는 말.

거미줄로 방귀 동이듯 연약한 거미줄로 몸체도 없는 방귀를 동여맨다는 뜻으로, 어떤 일에 실속 없이 건성건성(대충)으로 하는 체하는 모양을 빗댄 말.

거미줄에 목을 맨다 밧줄도 아닌 거미줄로 목을 맬 노릇이라는 뜻으로, 어처구니없는 일로 몹시 억울하고 분함을 이르는 말.

목구멍에 거미줄 쓴다 살림이 구차(가난)해 오랫동안 끼니를 때우지 못하다.

물거미 뒷다리 같다 몸이 가냘프고 다리는 길어 멋없이 키만 큰 볼품없는 사람을 빗대어 이르는 말.

산 사람 입에 거미줄 치랴 아무리 식량이 떨어져도 그럭저럭 죽지 않고 먹고 살아가기 마련임을 빗댄 말.

쌀독에 거미줄 치다 먹을 양식이 떨어진 지 오래되다.

나비

비늘의 나노 구조가 부리는 요술

나비(호접, 胡蝶, butterfly)는 나비목에 드는 곤충 중에서 주간(낮)에 활동하는 무리를 통틀어 이르는 말이다. 나비 이외의 나비목 곤충을 모두 나방이라 부르며, 이들은 야간(밤)에 활동한다. 나비는 전 세계에 2만여 종이 있고, 한국산은 250여 종이 알려져 있다.

나비는 나방에 비해 몸이 가는 원통형(원기둥꼴)이고, 더듬이 끝이 부푼 곤봉 모양이며, 앉을 때에는 날개를 곧추세운다. 또한 복안(겹눈)을 가지고 있고, 입은 빨대같이 생겼으며(보통 때는 돌돌 말고 있음), 여느 곤충들과 마찬가지로 몸은 머리, 가슴, 배로 나눠지고, 다리는 여섯 개다. 나비는 알, 애벌레, 번데기, 성충의 한살이(일생)를 지내는 완전변태(갖춘탈바꿈)를 하고, 종에 따라 다르지만 주로 번데기나 성체로 추운 겨울을 난다.

두 쌍의 날개에는 인분(비늘)이 가득 묻어 있다. 나비 비늘은 원래 무색(아무 빛깔 없음)이지만 지극히 작은 나노(nano) 크기의 기하학적 구조이고, 이 구조 때문에 특정한 빛을 반사, 흡수하므로 여러 색깔을 띠게 된다. 참고로 나노는 10억분의 1을 뜻하는 접두사로 1나

나비의 더듬이

나방의 더듬이

노미터(nm)는 10억분의 1미터에 해당한다.

나노 구조를 한 나비 비늘 이야기를 덧보태 본다. 옛날 사람들이 곱디고운 색과 무늬를 뽐내는 나비에서 물감을 뽑아보려고 무척 애를 썼다는데 성공했을까? 자, 그럼 붉은 꽃잎을 따서 두 손가락으로 으깨보고, 또 노랑나비 날개를 문질러보라. 꽃잎에서는 빨간 색소가 묻어나지만 나비 날개에서는 무색의 가루(비늘)만 남는다. 도대체 나비의 눈부신 색깔은 어디로 사라졌단 말인가? 붉은 꽃잎에는 빨간 색소가 있지만 나비 날개에는 색소가 아닌 구조색(색소가 없이 보는 각도에 따라 다르게 내는 색)이 있는데 그 구조가 깨진 탓에 무색이다.

주사전자현미경으로 본 나비 날개는 나노 구조다. 특수한 빛만 반사하고 다른 색은 흡수하는 기하학(도형 및 공간의 성질에 대하여 연구하는 학문)적 구조로 그 구조가 바뀌면 다른 색이 난다. 나비 비늘의 나노 구조가 가지가지 곱고 아름다운 요술을 부린다니 놀라운 일이다. 나비 날갯죽지 말고도 진주조개, 오팔, 공작 꽁지깃의 눈알무늬, 딱정벌레의 영롱한 색깔도 나노 구조 때문이다.

나비효과(butterfly effect)란 말이 있는데, 이는 사소한(보잘것없는) 사건 하나가 나중에 엄청나게 큰 효과(결과)를 가져올 수 있다는 뜻으로 쓰인다. 1952년 미스터리 작가인 브래드버리(Ray D. Bradbury)가 시간 여행에 관한 단편소설 『천둥소리』에서 처음 사용했으며, 1963년 기상학자 로렌츠(Edward Lorenz)의 "브라질에서 나비가 날갯짓을 하면 텍사스에서 토네이도(회오리바람)가 일어날까?"라는 강연 주제를 통해 대중적으로 널리 알려졌다.

꽃 본 나비 불을 헤아리랴 남녀 간(사이)에 정이 깊으면 죽음을 무릅쓰고서라도 찾아가서 함께 사랑을 나눈다는 말.

꽃 없는 나비 쓸모없고 보람 없게 된 처지를 이르는 말.

꽃이 고와야 나비가 모인다 자기는 모자라고 못 갖추면서 남이 완전할 것만 바라는 것은 옳지 못함을 이르는 말.

꽃이 시들면 오던 나비도 안 온다 사람들이 세도(권력)가 좋을 때는 늘 찾아오다가 처지(형편)가 보잘것없게 되면 찾아오지 아니한다는 말.

꽃이라도 십일홍이 되면 오던 봉접도 아니 온다 사람들이 세도(권력)가 좋을 때는 늘 찾아오다가 처지(형편)가 보잘것없게 되면 찾아오지 아니함을 빗대어 이르는 말. '봉접'이란 벌과 나비를 가리킨다.

단불에 나비 죽듯 맥없이 스러지듯 죽어가는 것을 빗댄 말. '단불'이란 한창 괄게(불기운이 세차게) 타오르는 불을 뜻한다.

범(이) 나비 잡아먹듯 먹는 양은 큰데 먹은 것이 변변찮아(모자라서) 양에 차지 않음을 빗대어 이르는 말.

불에 든 나비(나방)와 솥에 든 고기 이미 운명(목숨)이 정해져 당장(바로) 죽게 된 처지임을 이르는 말.

잠자리

그 많던 잠자리는 대체 어디로 갔을까?

잠자리(청령, 蜻蛉, dragonfly)는 잠자리과의 곤충으로 유충(애벌레)은 강물에 살고, 성충(어른벌레)은 땅과 공중이 살터(삶터)이다. 물에 사는 곤충(수생곤충/수서곤충)으로 여기에는 유충과 성충이 평생 물에서 지내는 물장군·물방개·게아재비·물자라 따위가 있는가 하면, 애벌레는 물속에 살고 어른벌레가 되면 땅으로 올라오는 잠자리·모기·하루살이·강도래 따위가 있다. 그리고 헬리콥터(helicopter)를 속되게 '잠자리비행기'라 하고, 누워서 잠을 자는 곳이나 이부자리를 잠자리라 이른다.

귀티 나는 잠자리는 배마디가 10개이며 유달리(남달리) 길다. 그리고 똥그란 구슬 꼴의 복안(겹눈)은 2개로 양 얼굴에 우뚝 튀어나왔고, 그 사이에 보일 듯 말 듯한 3개의 작은 단안(單眼, 홑눈)이 있다. 얇은 막으로 된 날개는 투명(속까지 환히 비침)한 것이 청결하기 짝이 없고, 엄청 가벼우며, 2쌍의 날개 중 뒷날개가 앞날개보다 좀 크다. 잠자리는 왕눈알을 상하전후좌우(육방)를 자유자재(맘대로)로 휘돌려 방향을 획획 바꿔가면서 먹잇감을 가늠한다.

왕잠자리(수컷)

잠자리는 번데기 과정을 거치지 않는 불완전변태(직접발생: 번데기 시기를 거치지 않고 곧바로 어른벌레가 됨)를 한다. 보통 풀줄기나 축축한 흙 또는 고인 물에 산란(알 낳기)하고, 얼마 뒤면 부화(알까기)하여 유충인 '학배기(수채)'가 된다. 온도 변화가 적은 물에서 월동(겨울나기)도 하는 학배기는 10~15번을 탈피(허물벗기)하고, 그럴 때마다 몸집이 부쩍부쩍 붓는다. 애벌레로 지내는 기간은 다 달라서 왕잠자리는 3~4년인데, 성충인 잠자리는 채 한 달도 못 살고 일생(삶)을 마감한다.

잠자리는 성충이나 유충 모두 육식성으로 먹새(먹성)가 좋다. 억

왕잠자리 한 쌍

척스런 학배기는 센 턱을 가져 장구벌레나 실지렁이, 올챙이들을 마구잡이로 사냥한다. 그런데 개구리 새끼(올챙이)를 잡아먹은 학배기가 잠자리가 되면 먹고 먹히는 관계가 별안간 역전(뒤집힘)되고 만다. 다시 말해서 올챙이가 개구리가 되면서 학배기 어미인 잠자리를 냅다 잡아먹으니 말이다.

가을이 왔다 싶으면 불현듯 잠자리 두 마리가 앞뒤로 나란히 달라붙어 휘젓고 다닌다. 암컷들에 부접대던 수컷이 바야흐로 짝짓기 상대를 찾아, 배 끝의 집게로 암컷 덜미를 움켜쥐고 다니면서 알 낳기를 조른다(재촉한다). 그래서 앞자리가 수컷(♂)이고, 뒷자리가 암컷(우)임을 짐작할 것이다. 한참 그렇게 공중을 날다가 이때다 싶으면 연못 구석이나 웅덩이 둘레 후미진 풀숲에 앉아 짝짓기를 한다. 수놈에게 덜미를 잡힌 채로, 아래 암컷이 여섯 다리로 위 수놈의 배를 세차게 부둥켜안고는, 배를 휘어(구부려) 수놈이 붙여둔 정자덩어리를 받아간다. 이렇게 짝짓기하는 두 마리는 마치 심장(염통) 꼴을 한다.

왕잠자리나 실잠자리 암컷은 배 끝자락에 있는 날카로운 산란관(알을 낳는 기관)을 풀줄기에 찔러 알을 낳는다. 그 밖의 잠자리들은 공중에서 빙글빙글 맴돌다가 갑자기 곤두박질쳐 연못이나 개천 수면(물면)에 산란관을 댔다 뗐다 하면서 잔물결을 일으키는데 그것이 곧 산란 행위다.

체온을 항상 일정하고 따뜻하게 유지하는 정온동물(온혈동물)인 조류와 포유류를 빼고는 죄다 변온동물(냉혈동물/찬피동물)이라서 볕살(햇볕의 따뜻한 기운)을 받아 몸을 데워서 활동한다. 그래서 꼭두새벽이나 이른 아침에 곤충채집을 해봤자 허탕(헛일)임을 알 것이다.

잠자리도 기후 환경에 민감한지라 그들의 동태(움직이거나 변하는 모습)를 보면 환경 변화를 대번(바로)에 알 수 있다. 옛날에 그 많던 잠자리들이 턱없이 줄어들어 이제는 쉽사리 볼 수 없게 됐다. 그렇다. 잠자리들이 이슬 맺은 풀잎에서 걱정 없이 잠자게끔 우리 모두 환경 파수꾼, 자연 지킴이가 되자꾸나. 사람도 죽을병에 걸리면 고칠 수 없듯이 하나뿐인 지구도 마찬가지니 말이다.

잠자리 나는듯 잘 차려입은 여자의 멋진 자태(모습)를 이르는 말.

잠자리 날개 같다 천(옷감) 따위가 속이 비칠 만큼 매우 얇고 곱다.

잠자리 눈곱 북한어로, 지극히(아주) 적은 양을 이르는 말.

잠자리 부접대듯 한다 어떤 일을 할 때 오래 계속하지 못하거나, 붙었다가 금방 떨어짐을 빗댄 말. 여기서 '부접대다'란 여기저기 옮겨 붙거나, 사귀려고 잇따라 가까이 접근함을 뜻한다.

벌

8자 춤으로 대화한다고?

벌(봉, 蜂, bee)은 개미목의 곤충으로 개미와 같은 조상이라서 여러 생리·발생·유전·생태가 아주 비슷하다. 꿀벌은 여왕벌(queen bee), 일벌(worker), 수벌(drone)이 무리 지어 살면서 분업(일을 나누어 맡음)하고, 계급(높고 낮음)을 철저하게(꼼꼼히) 지키면서 사회생활(공동생활)을 하는 대표적인 곤충이다. 꿀벌 한 통에 2만~8만 마리가 욱시글거리니(몹시 들끓음) 한 가족치고는 엄청나지 않은가. 이 셋 중에서 여왕벌이 제일 덩치가 크고, 다음이 수벌이며, 일벌이 가장 작다.

① 여왕벌(♀)은 일벌 새끼들 중에서 왕유(로열젤리)만 먹인 벌로 한 집에 한 마리가 있고, '알 낳는 기계'라 불린다. 평생 알을 낳으며(봄철에는 하루에 2000~3000개, 1년에 40만 개), 수명은 3~4년이다.

② 일벌(♀)은 수정란(정자와 난자가 결합한 알)이 발생한 것으로 유전적으로 여왕벌과 같다. 그러나 새끼 때에 여왕벌보다 거친 음식만 먹어 산란관(알 낳는 기관)이 퇴화(퇴보)하여 봉침(벌침)으로 바뀌었고, 평생을 꿀 모으기·집 짓기·청소하기·새끼 건사(보살피고 돌

봄) 등 궂은일만 하다가 6주만 살고 일생을 끝마친다.

③ 수벌(♂)은 미수정란(정자와 난자가 결합하지 않은 알)이 발생한 것으로 염색체가 여왕벌과 일벌(32개)의 반인 16개이고, 날개가 있어 공중을 날 수 있다. 원격(멀리 떨어져 있음)으로, 또는 자동으로 조종(다루어 부림)되는 소형무인정찰기를 드론(drone)이라 하는데, 그것은 수벌(드론)에서 따온 말이다.

그렇다. 처음 3일간은 모든 애벌레에게 로열젤리를 먹이지만 그다음에는 칼같이 달라진다. 일벌과 수벌은 하나같이 잡스런 꽃가루나 꽃물, 허름한 묽은 꿀 따위만 먹인다. 그러나 최상급 왕유를 꾸준히 받아먹으며 '왕대(여왕벌집)'라는 큰 집에서 호의호식(좋은 옷을 입고 좋은 음식을 먹음)하는 여왕벌은 빨리 자라서 곧장 번데기가 되고, 벼락같이 성적(性的)으로 성숙하여 성충이 된다.

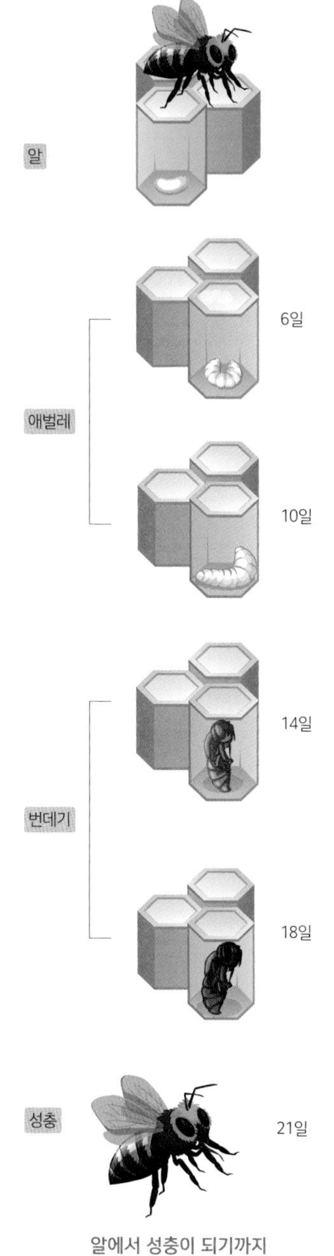

알에서 성충이 되기까지

이제 여왕벌이 시집간다. 흔히 신랑 신부가 첫날밤에 자는 잠을 '꽃잠'이라 한다지. 암튼 남다른 보살핌을 받고 자란 어린 여왕벌은 날씨와 풍향(바람 방향)을 잘 챙겼다가 때맞춰 나들이를 한다. 본집(자기 집)은 물론이고 딴 집 수벌들도 꼬마 여왕벌이 내뿜는 냄새(페로몬)를 맡고 한껏 들뜬다. 이들은 10미터 가까운 공중으로 날아올라 무리 지어 짝짓기를 하는데, 여왕벌의 저정낭(정자를 모아두는 주머니)에 정자가 가득 찰 때까지 잇따라 짝짓기하여 평생 쓸 정자를 탱크에 채운다.

저정낭 입구를 꽉 닫고 알을 낳으면 알(미수정란)이 저 혼자서 발생하여 반수체(n=16)인 수벌이 되니 이런 것을 처녀생식이라 한다(수개미도 다르지 않음). 그래서 수벌 염색체는 여왕벌이나 일벌 염색체(2n=32)의 반이다. 그런데 여왕벌이 저정낭 입구를 활짝 열고 알을 낳으면 생식세포인 정자가 흘러나와 난자와 수정하여(합쳐져서) 배수체(2n)인 수정란이 되고, 그것이 발생하여 유전적으로 똑같은 여왕벌과 일벌이 된다.

벌의 독침은 원래 암컷인 일벌의 산란관이 변한 것이다. 다른 벌 무리와는 달리 독침 끝이 낚시 미늘(작은 갈고리) 같아서 침입자를 쏘면(찌르면) 상대 몸에 박혀버려 독침이 꽁무니에서 빠지고, 결국 죽고 만다. 독도 잘 쓰면 약이 되는지라 벌의 독을 써서 병을 치료하는 것을 봉침(벌침) 요법이라 한다. 그런가 하면 독침이 없는 거무스름한 수벌은 마냥 팽팽 놀다가 이른 봄 여왕벌과 혼인(짝짓기)비행을 하고는 죄다 죽거나 무리에서 쫓겨나고, 또는 죽임을 당한다.

알다시피 꽃이란 다름 아닌 식물의 생식기다! 동물들은 생식기를 사타구니에 숨겨두거나 몸 안에 넣어두는데, 식물은 덩그러니 바깥에 드러내 매달았다. 거기다가 곤충을 끌어들이려고 오만 가지 향기에 더없이 달콤한 꿀물까지 만든다. 세상에 가짜는 많아도 공짜는 없는 법. 곤충들이 꿀물을 얻는 대가(값)로 꽃가루를 옮겨주니 말이다.

꿀을 모으는 꿀벌

꽃에 날아든 꿀벌. 노란 꽃가루 '경단'을 발에 매달고 있다.

꿀벌이 1킬로그램의 꿀을 따려면 물경(놀랍게도) 560만 개의 꽃을 찾아야 한단다. 그런데 묽은 꽃물(nectar)이 달콤한 꿀물(honey)로 바뀌는 데는 벌의 신통력(묘하고 불가사의한 힘이나 능력)이 숨었다. 80퍼센트가 수분(물기)인 꽃물을 위(밥통)효소로 포도당과 과당으로 분해한 다음 게워서 벌집에 채우고, 날개를 흔들어 물이 20퍼센트로 줄 때까지 말린다.

꽃가루(화분, bee pollen)는 꿀 모으기를 하다가 덤으로 얻는다. 꽃의 꿀샘에 깊숙이 머리를 처박다 보면 전신(온몸)에 가득 난 부숭부숭한 털에 꽃가루가 잔뜩 들어붙기 마련이다. 그러면 다리로 쓱쓱 쓸어 모아 양쪽 뒷다리에 있는 옴폭 들어간 꽃가루주머니에다 꼭꼭 짓눌러 노란 경단을 만들어 매달고 와 어린 새끼에게 먹인다.

또한 여러 식물에서 뽑은 물질에 자신의 침과 효소들을 섞어서 프로폴리스(propolis)를 만드는데 이것으로 벌집 틈새를 메우거나 집을 고치는 데 쓴다. 거기에는 천연살충제도 들었기에 사람들이 입술에 바르거나 목기침, 천식을 치료하는 데 사용한다.

벌집은 풀잎이나 과일 겉껍질에서 긁어모은 매끈한 왁스(wax, 밀랍)를 뭉개고 펴서 짓는다. 모양이 육각형(六角形)이라 집 짓는 재료가 훨씬 덜 들면서도 매우 단단하고, 부피(공간)가 커서 많은 꿀을 저장할 수 있다. 벌들이 어찌 기하학과 건축학을 알고 저렇게 멋진 집을 지을까? 독자들은 서둘러 연필 자루나 모나미볼펜이 몇 각형인지 살펴볼 것이다.

벌은 밀원식물(벌이 꿀을 모아 오는 원천이 되는 식물)이 있는 곳을 어찌 알까? 꿀벌은 몸짓으로 말한다. 1973년에 오스트리아의 동물학자 프리슈(Karl von Frisch)는 벌의 행동 연구로 노벨상을 받았다. 프리슈는 벌들이 좀 색다른 짓을 하는 것을 발견한다. 마땅히 맨 먼저 꿀을 따온 친구 몸에서 꿀 냄새와 꽃향기가 흠뻑 풍겨오고, 그 둘레에 여러 벌들이 모여든다. 이제 꿀을 따온 친구가 8자 모양의 꼬리 춤을 춘다. 어떤 때는 빠르게, 또 어떤 때는 느릿느릿 8자형으로 돈다. 그러면 한참동안 멍하니 바라보고 있던 친구들이 알았다는 듯 머뭇거림 없이 모조리 후닥닥 내뺀다. 이윽고 프리슈는 그 벌이 꽃의 방향과 거리를 친구들에게 알리고 있다는 것을 깨닫게 된다.

첫 꿀을 따온 녀석이 꼬리를 아래위로 빠르게 오르락내리락하면 태양 쪽에 꽃이 있고, 태양 방향에서 60도로 가면서 춤을 추면 그쪽에 꽃이 있으며, 또 이따금 둥글게 춤을 추는데 3초 만에 한 바퀴 돌면 꽃이 1킬로미터 근방에, 아주 천천히 8초 만에 돌면 8킬로미터 근방에 꽃밭이 있다는 것을 나타내는 신호임을 알게 되었다. 프리슈는 꿀벌들의 춤추는(몸짓) 방향(쪽)과 속도(빠르기)에 비밀이 있음을 밝혀냈던 것이다.

말하자면 이렇게 우리 주변에는 온통 눈을 휘둥그레지게 하는 비밀스러움이 있으니 이 책을 읽는 여러분도 자연의 신비로움에 호기심을 가져볼 것이다. 새롭고 신기한 것을 좋아하거나 모르는 것을 알고 싶어 하는 마음이 호기심인 것! 자연에 흐드러지게 숨어 있는 비밀이 곧 자연법칙이기에 하는 말이다.

세상은 아는 것만큼 보이고, 보이는 것만큼 느낀다고 한다. 또한 사랑하면 보인다 하고, 자연은 자기에 관심을 가진 자에게만 비밀의 문을 열어 보인다고 한다. 우리 모두 자연으로 돌아가자!

꿀 먹은 개 욱대기듯 어떤 일을 저지른 사람을 몹시 윽박지르거나 몰아세움을 빗대어 이르는 말.

꿀 먹은 벙어리 마음속에 있는 말을 시원히 하지 못함을 비유한 말.

꿀도 약이라면 쓰다 좋은 말이라도 충고(타이름)라면 듣기 싫어한다는 말.

나중 꿀 한 식기 먹기보다 당장의 엿 한 가락이 더 달다 눈앞에 보이지 않는 막연한(분명치 못한) 희망보다 작더라도 바로 가질 수 있는 것이 더 나음을 놀림조로 이르는 말. '식기'란 음식을 담는 그릇을 말한다.

벌도 법이 있지 벌 같은 곤충 사회에도 일정한 질서가 있는데 하물며 사람에게 제도와 질서가 없을 수 있겠느냐는 뜻으로, 인간 사회의 질서가 문란함(어지러움)을 이르는 말.

벌에 쏘였나 / 벌쐰 사람 같다 몹시 나부대거나(까불거나) 날뛰는 사람, 또는 말대꾸도 없이 오자마자 후딱 가버리는 사람을 이르는 말.

벌은 쏘아도 꿀은 달다 북한어로, 성가신 일이기는 하지만 자기에게 이로운 것이 있음을 꼬집어(비틀어) 하는 말.

벌이 역사(役事)하듯 여럿이 손을 모아 부지런히 일하는 모습을 빗댄 말.

벌집 쑤시어놓은 것 같다 벌통을 건드려서 벌들이 있는 대로 몰려나와 쏘아대듯이 온통 난장판(수라장)이 된 모양을 이르는 말.

입에 꿀을 바른 말 듣기에 좋도록 알랑거리는 말.

집에 꿀단지를 파묻었나 집에 빨리 가고 싶어 안달(급하게 굶)하는 사람을 비꼬아 이르는 말.

개미

냄새로 말한다!

개미(의, 蟻, ant)는 개미과에 드는 곤충으로 벌과 마찬가지로 여왕개미·수개미·일개미 따위가 모여 사는 전형적인(가장 특징을 잘 나타내는) 사회생활을 한다. 세계적으로 1만 2000여 종이나 되고, 우리나라에는 90여 종이 있다. 그중에서 흔히 보는 몸길이 7~13센티미터인 '왕개미'가 가장 크며, 0.2~0.25센티미터에 지나지 않는 '애집개미'가 제일 작다.

개미 사회에서는 여왕개미가 가장 크고, 수개미, 일개미 순으로 작으며, 여왕개미는 보통 30년을, 일개미는 1~3년을, 수개미는 오직 몇 주일을 산다. 개미와 벌은 동일(같은) 조상이라는 것을 뒷받침해주듯 개미 중에서 벌처럼 독침으로 쏘는 것이 있다. 우리나라에는 '일본침개미', '침개미' 따위가 있고, 남미가 원산지(동식물이 맨 처음 난 곳)이나 요즘 우리나라로 유입(흘러듦)된 '살인개미'로

왕개미

불리는 '붉은불개미'도 침을 가졌다.

한편 허리가 가녀린 여인을 '개미허리', 주식시장에서 개인적으로 소액을 투자하는 투자자들의 무리를 '개미군단', 걸러놓은 술에 뜬 밥알을 '개미', '술구더기'라 한다. 그리고 장마가 오기 전에 개미들이 줄지어 먹이를 나르거나 집을 옮기는 일을 '개미장' 또는 "개미장 서다"라 한다.

개미는 완전변태(갖춘탈바꿈)를 하며, 개미허리(가슴과 배 사이)는 끊어질 듯 아주 짤록하고, 가슴에 3쌍의 다리가 붙었는데 다리 끝에는 갈고리가 난 발톱이 있어 나무를 기어오르거나 잎사귀에 매달리기 쉽다. 머리에는 두 개의 큰 복안(겹눈)과 3개의 작은 단안(홑눈), 촉각(더듬이) 둘이 있다.

여왕개미도 여왕벌처럼 시집을 간다. 여왕은 맑고 따뜻한, 다소(얼마쯤) 바람기가 있는 날을 신혼비행 날로 잡고 이른 아침부터 수컷을 꾀는 암내(성페로몬)를 풀풀 풍긴다. 이에 수개미들이 여왕개미가 뿜어내는 페로몬(pheromone)에 홀려 웅성웅성, 안절부절못한다. 여왕개미는 뒤뚱뒤뚱 무거운 몸을 이끌고 높다란 나무나 바위에 기어오른다. 마침내 여왕이 솟을 바람(상승기류: 위로 솟는 공기의 흐름)을 타고 날아오르자 한순간(매우 짧은 사이)에 날개 가진 수놈들이 구름처럼 모여들어 여왕개미와 짝짓기를 한다. 독수리 따위가 높은 공중에서 활공(새가 날개를 움직이지 아니하고 낢)하는 것도 상승기류를 이용하는 것이렷다!

저정낭(정자를 모아두는 주머니)에 정자를 어지간히 채운 여왕개미는 갈지자형으로 살포시 땅바닥에 떨어진다. 그러면 여왕은 더 이상 쓸모없고, 거추장스럽기만 한 날개를 돌멩이나 나뭇가지에 비비고 문질러 사정없이(매몰차게) 잘라버린다. 생명의 끈질김과 경이로움(놀라움)이 느껴지는 장렬한(씩씩한) 버림이다!

이제 여왕개미는 온 사방을 어슬렁거리며 새 집자리(터전)를 살핀다. 알맞은 장소를 찾으면 곧장 땅을 파고 들어가 먼저 십여 개의 알을 낳는다. 그런 다음 홀로 새끼들을 정성껏 키워 새 가정을 일궈내니, 이른바 자수성가(물려받은 재산이 없이 혼자의 힘으로 집안을 일으키고 재산을 모음)요 빈손으로 시작하는 단출(홀가분함)한 새살림이다.

몇 안 되는 새끼 일개미들이 먹이를 모아 오고, 안으로는 집을 넓히느라 들락날락 눈코 뜰 새가 없다. 개미들이 긴 굴을 내느라 물어다 버린 흙 알갱이들이 모여 납작한 접시 꼴을 한 것이 개미탑(개미

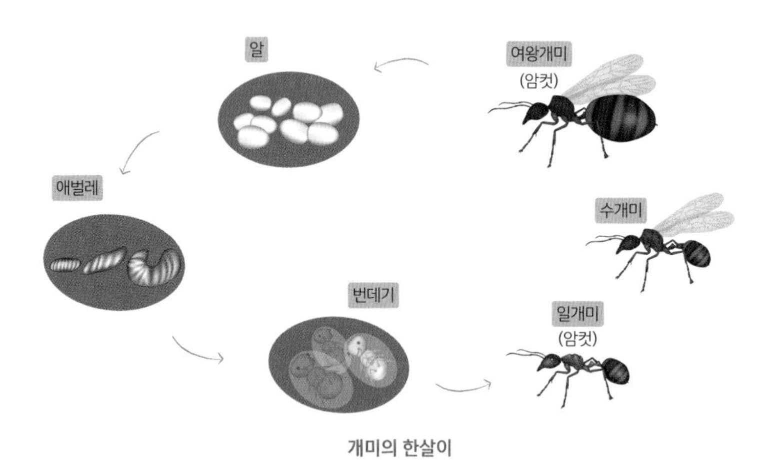

개미의 한살이

둑, anthill)이다. 웬만큼 자리 잡은 여왕개미는 서둘러 많은 알을 낳아 식구를 잔뜩 늘려나간다.

여왕개미와 알을 돌보는 일개미들

하지만 혼인비행을 끝마친 여왕이 이렇게 성공할 확률은 고작 0.001퍼센트에 지나지 않는다고 한다. 맞다. 빈터나 밭둑에 새로 생겨나는 어설프다 싶은 개미집들이 바로 신접살림을 꾸린 것들이다. 그래서 개미 애호가(사랑하고 좋아하는 사람)들은 이런 따뜻한 봄날에 여기저기 서성거리는 몸집 큰 여왕개미를 잡아 모아(채집) 보살펴 키운다.

개미탑

개미 생식법은 벌 생식법과 똑같다. 여왕개미는 정자를 받아 저정낭에 넣어두었다가 평생 내다 쓰며, 여왕개미 한 마리가 한평생에 1억 5천만 개의 알을 낳을 수가 있다 한다. 그런데 저정낭의 입구를 열고 산란하면 정자와 난자가 만나(수정란) 여왕개미와 일개미가 되고, 닫고 낳으면 미수정란으로 수개미가 된다. 벌의 생식에서도 말했듯이 이런 미수정란의 생식을 처녀생식이라 한다.

아무튼 한집(굴)에 사는 개미가 100만 마리가 넘는다고 하니 60만여 명(2018년 기준)인 우리나라 군인도 백만 군단에게는 기가 죽을 판이다. 그리고 지구 땅 위에 사는 동물을 몽땅 잡아 무게를 쟀을 때 개미가 차지하는 비율은 거의 15~25퍼센트가 될 것이라 한다.

개미들은 멀리 200미터까지 먹이 사냥을 간다. 또 개미들은 냄새로 말을 한다! 사냥을 끝내고 돌아오면서 땅바닥에 꽁무니를 질질 끌며 문질러둔(뿌려둔) 흔적을 '냄새길'이라 하고, 초행길(처음으로 가는 길)인 친구들도 그 길을 따라 먹잇감이 있는 곳으로 달음박질칠 수 있다. 하지만 그것은 휘발성이 있어서 곧 냄새가 날아가고 만다. 그렇지 않았다면 개미들은 마냥 같은 길을 갈팡질팡 쏘다니며 헛걸음할 뻔했다. 이렇게 먹이를 찾는 길을 알리는 페로몬도 있지만 위험을 알리는 경보페로몬도 있다.

음식이 어지간히(몹시) 신 것을 일러 "시기는 산 개미 똥구멍이다"라 하는데, 실제로 개미는 강한 산성인 '개미산(의산)'을 분비한다. 칠팔월 텃밭 한구석에 진보라이거나 흰 도라지꽃이 무더기로 핀다. 꽃이 벌기 전 꽈리(풍선) 꼴의 꽃봉오리를 꽉꽉 눌러 딱! 딱! 딱총놀이를 한다. 그다음에는 활짝 번 진보라 꽃을 따 왕개미를 잡아 그 속에 집어넣고는 꽃잎(꽃부리)을 아물어(싸잡아) 움켜쥔 뒤 "신랑 방에 불 써라(켜라) 각시방에 불 써라." 하고 고함지르며 세차게 흔들어댄다. 그러고는 꽃잎을 열고 쩔쩔매는 개미는 놓아준다.

놀랍게도 꽃잎에 새빨간 점(등불)이 띄엄띄엄 켜졌다(생겼다)! 꽃잎에 갇힌 개미가 흔듦에 어지럽고 놀라 오줌(개미산)을 질금질금 싸대 꽃대궐에 눈부시게 아름다운 청사초롱을 켠 것이다. 산성인 개미산이 보라색 꽃잎 속 리트머스(litmus) 성질을 지닌 안토시아닌(화청소)을 붉게 바꾼 것이다. 사실 리트머스란 '리트머스이끼'에서 뽑은 안토시아닌(anthocyanin)이다.

가위개미

중남미에 사는 개미들 중에는 '신이 준 선물'이라는 버섯 농사를 짓는 개미('버섯개미')가 200종이나 있다 한다. 또 동물 배설물이나 시체에 홀씨(포자)를 흩뿌려 버섯을 키우는 녀석들도 있고, 잎을 잘라다 거기에 버섯을 키우는 개미('가위개미')가 유명하다.

'목축업'을 하는 개미도 있다. '개미와 진딧물'의 공생(서로 도우며 함께 삶) 말이다. 개미는 진딧물을 보호해주고, 대신 진딧물 똥구멍에서 나오는 꿀물을 얻어먹는 서로 돕기 말이다. 진딧물을 먹고사는(천적) 무당벌레나 풀잠자리 같은 것들은 진딧물 언저리에 개미가 있으면 겁이 나 근방에 얼씬대지 못한다.

개미 금탑 모으듯 돈이나 물건 따위를 조금씩 알뜰히 모아감을 이르는 말. '금탑'이란 금으로 만든 탑을 가리킨다.

개미 새끼 하나도(한 마리도) 얼씬 못 한다 허락된 사람 외에는 아무도 나타나지 못하다.

개미 새끼 하나도 없다 둘레에 아무것도 찾아볼 수 없음을 이르는 말.

개미/다람쥐 쳇바퀴 돌 듯 앞으로 나아가지 못하고 제자리걸음만 함을 이르는 말.

개미가 절구통 물고 나간다 왜소(몸뚱이가 작고 약함)한 사람이 힘에 겨운 큰일을 맡아 하거나, 무거운 짐을 들고 감을 빗댄 말. '절구(절구통)'란 곡식을 빻거나 찧으며 떡메로 떡을 치기도 하는 기구로 통나무나 돌, 쇠 따위를 속이 우묵하게 만들어 절굿공이로 짓찧는다. 옛날에는 집집마다 디딜방아와 맷돌, 절구는 반드시 있어야 하는 물건(생활필수품)이었다. 그때만 해도 거의 모든 것을 자급자족(필요한 물자를 스스로 생산하여 채움)해야 했으니 말이다.

개미가 정자나무 건드린다 힘이 아주 센 것에 깜냥이 안 되는 몹시 작은 것이 덤벼듦을 이르는 말. '정자나무'란 집 근처나 길가에 있는 큰 나무를 가리킨다.

개미가 큰 바윗돌을 굴리려는 셈 제 힘으로는 도무지 당해낼 수 없는 상대에게 감히 대드는 어리석음을 빗대어 이르는 말.

개미구멍 하나가 큰 제방(둑)을 무너뜨린다 작은 결점(모자람)이라 하여 등한(관심이 없거나 소홀함)히 하면 그것이 점점 더 커져서 나중에는 큰 결함(흠집)을 가져오게 됨을 빗대어 이르는 말.

개미는 작아도 탑을 쌓는다 아무리 보잘것없고 힘이 약한 사람이라도 꾸준히 노력하고 정성을 들이면 훌륭한 일을 이룰 수 있다.

개미에게 불알 물린다 아주 보잘것없는 사람을 어설프게 건드렸다가 개망신 당함을 이르는 말.

불개미집 쑤셔놓은 것 같다 몹시 어지럽고 수선스럽게 와글거림을 빗대어 이르는 말.

의혈제궤(蟻穴堤潰) 개미구멍이 둑을 무너뜨린다는 뜻으로, 작은 결점(모자람)이라 하여 등한(관심이 없거나 소홀함)히 하면 그것이 점점 더 커져서 나중에는 큰 결함(흠집)을 가져오게 된다는 말.

귀뚜라미

울음소리는 짝을 찾는 수컷들의 사랑 노래다?

무엇보다 귀뚜라미는 제일 먼저 가을을 알려주는 전령(전달자)으로 8~10월경에 풀밭이나 정원, 부엌이나 섬돌(댓돌/디딤돌, 뜰과 마루로 오르내릴 수 있게 놓은 돌) 밑에서 시끄럽게 노래한다. 또 귀뚜라미는 기온에 무척 예민하여, "귀뚜라미는 칠월에 들녘에서 울고, 팔월에는 마당(울 밑)에서 울고, 구월에는 대청마루 밑에서 울고, 시월엔 방 안에서 운다."고 했다.

왕귀뚜라미(암컷)

귀뚜라미(실솔, 蟋蟀, cricket)는 귀뚜라미과에 딸린 곤충으로 베짱이에 가깝다. 세계적으로 900여 종이 서식(자리 잡고 삶)하고, 우리나라에는 10여 종이 살고 있다. 온몸이 흑갈색(검정고동색)에 복잡한 반점(점무늬)이 있으며, 체장(몸길이)은 17~21밀리미터 정도이다. 긴 원형(타원형)의 큰 겹눈과 가늘고 길쭉한(체장의 1.5배) 촉각(더듬이)을 가졌으며 앞(겉)날개는 딱딱한 편이나 뒷(속)날개는 얇다. 앞다리 중간 마디에 자리하는 고막으로 소리를 듣고, 날개를 비벼 노래하는 이상야릇한 벌레다!

귀뚜라미는 다른 곤충처럼 암컷이 몸집(덩치)이 크다. 짝짓기를 끝낸 암컷은 바늘같이 돋은(솟은) 아주 기다란 꽁무니 산란관(알 낳는 기관)을 식물 줄기에 꽂아서 산란하는데 가을 끝자락에 알을 낳고, 알로 겨울나기를 한다. 이듬해 봄에 부화(알까기)한 유충(애벌레)은 6~12번 탈피(허물벗기)하여 성충(어른벌레)이 되는 불완전변태(직접발생)를 한다.

귀뚜라미가 내는 소리는 마찰음(갈이소리)으로 개구리나 매미들처럼 수놈만 노래한다. 이는 짝을 부르는 신호이기도 한데 수컷의 오른쪽 앞날개 밑면에는 까칠까칠한 줄칼처럼 생긴 시맥(날개에 무늬처럼 갈라져 있는 맥)이 있고, 왼쪽 앞날개 윗면에는 이빨처럼 생긴 돌기(뾰족하게 내밀거나 도드라짐)가 있어 두 날개를 쓱쓱 맞비빌(문지를) 때마다 귀뚤귀뚤 소리가 난다. 한마디로 빗살을 손톱으로 긁을 적에 따르르, 따르륵 하고 내는 소리와 같다. 또 넓적한 나무 판을 물결같이 울퉁불퉁하게 파놓은 빨래판(세탁판)을 꼬챙이로 문지르면 드르륵드르륵 소리를 내는 것도 같은 이치다. 하지만 귀뚜라미 종류마다 시맥의 굵기가 달라서 소리가 서로 같지 않다.

여름이 매미 철이라면 가을은 정녕 귀뚜라미 절기다. 물론 종류나 환경에 따라 노랫소리가 다르지만 가을철 온도가 높을수록 울음이 곧잘 빨라진다(흔히 13°C에서 1분간 62번을 욺). 귀뚜라미는 여름철 가마솥더위에는 울지 않고, 서늘한 가을 아침결(아침때가 지나는 동안)과 저녁녘에 나대면서 스산스럽고(어수선하고 쓸쓸함) 애처롭게 울어젖힌다.

귀뚜라미는 사람과 가깝다. 서양에서는 귀뚜리와 함께 지내면 슬기로워진다고 여기고, 중국에서는 조롱(새장)에 넣어 애완동물로 키우며, 멕시코·동남아에서는 귀뚜라미 싸움 도박도 한다. 또 귀뚜라미는 애완동물의 먹잇감이 되고, 동남아에서는 기름에 튀긴 것을 간편식(스낵)으로 먹는다. 우리나라에서도 외국산 '쌍별귀뚜라미'가 갈색 거저리 유생인 밀웜(meal worm)과 함께 식품의약품안전처에서 식용으로 인정받았다. 그렇다. 앞날의 동물성 단백질로 각광(주목)받기 시작한 곤충들이다. 아무렴, 예전에는 사람들이 방아깨비 암컷이나(수컷은 너무 작아 먹을 게 없음) 벼메뚜기를 많이도 잡아먹었지!

쌍별귀뚜라미 무리

귀뚜라미 풍류하겠다 게으른 농부가 논의 김(잡풀)을 매지 않아 귀뚜라미가 안심하고 놀겠다.

아는 법이 모진 바람벽 뚫고 나온 중방 밑 귀뚜라미라 세상일에 대해 모르는 것 없이 다 알고 있는 사람을 빗대어 이르는 말. 여기서 '중방'이란 기둥과 기둥 사이의 벽 가운데를 가로질러 댄 나무를 말한다.

알기는 칠월 귀뚜라미라 음력 칠월 귀뚜라미가 앞서 가을이 옴을 알린다는 뜻으로, 남보다 미리 아는 체하는 사람을 비꼬는 말.

파리

매끈한 유리창에도 찰싹 들러붙는 비결은?

우리가 집에서 흔히 보는 파리(승, 蠅, fly)는 집파리과에 드는 곤충으로 중앙아시아가 원산지(동식물이 맨 처음 난 곳)이며, 세계 어디나 널려 있고, 전체 파리 무리의 91퍼센트를 차지한다. 집파리(house fly)는 커다랗고 빨간 겹눈 두 개를 머리에 얹었고, 정수리에는 3개의 홑눈이 있다. 5~8밀리미터 남짓으로 온몸이 검정 털로 덮였으며, 곤충들이 다 그렇듯 암컷이 수컷보다 좀 크다.

집파리

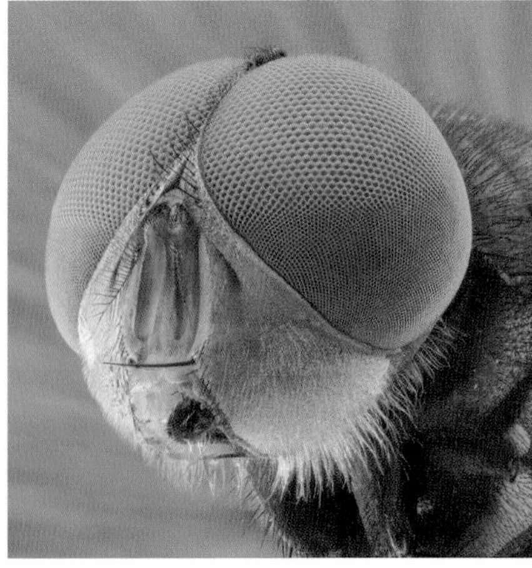

집파리의 머리를 확대한 모습

집파리는 두 발을 꼬아 비비면서 발바닥으로 음식의 맛과 냄새를 맡고, 입에 음식 알맹이를 넣었다 뱉었다 하면서 침과 뱃속의 소화효소를 바른 다음 이를 넓적한 혓바닥으로 핥아먹는다. 그러면서 구질구질한 바이러스·세균·곰팡이 등등 100가지가 넘는 병균을 널리 퍼뜨린다. 또 파리가 싸댄 똥은 하얀 벽지를 온통 까뭇까뭇 물들여서 얼굴에 낀 거뭇한 기미를 '파리똥'이라 부르기도 한다.

파리는 천장은 물론이고 매끈한 유리창에도 찰싹 들러붙는다. 이는 파리 발바닥에 점액(끈끈한 액)이 있기 때문이기도 하지만, 그보다는 종이나 유리 바닥을 고배율 현미경으로 보면 꺼칠꺼칠하게 짜개진 틈새가 엄청나게 많아서 그 틈새기에다 발바닥 잔털을 끼어 찰싹 달라붙고, 슬쩍 뽑아 펴면서 날아오른다.

집파리는 알(쉬), 유충(구더기), 번데기, 성충(파리)의 과정을 거치는 완전변태(갖춘탈바꿈)를 하고, 수명은 15~25일이다. 암컷이 수컷을 등짝에 업고(얹어) 날아다니면서 2~15분간 짝짓기를 하는데, 얼마 뒤면 길쭉한 바나나 모양의 알을 3~4일에 걸쳐 500여 개 낳는다. 알은 20시간 안에 부화(알까기)하고, 구더기는 서너 번 허물을 벗고는 바로 번데기가 된다. 8밀리미터쯤 되는 번데기는 1주일 뒤에 우화(날개돋이)하며, 성체가 되고 나서 36시간 뒤에 딱 한 번만 교미(짝짓기)한다.

파리 무리에는 집파리 외에도 변에 모여드는 똥파리, 시체나 생선에 달려드는 쉬파리, 마소(말과 소)의 피를 빠는 쇠파리 등이 있다.

똥파리

쉬파리

헌데 쉬파리들은 난생(알을 낳아 번식함)을 하지 않고 새끼를 내깔기기에 수정란(난자와 정자가 만나 수정이 된 알)이 암놈 몸속에서 발생, 성숙(자람)하여 구더기로 태어난다(난태생). 아무튼 자못 생존력이 강한 파리 구더기는 그 짜디짠 간장이나 된장 단지 속에서도 거뜬히 산다.

파리목에 드는 파리나 모기(mosquito) 따위는 뒷날개 2장이 퇴화하여 몸의 균형(평형)을 유지하는 평형간으로 바뀌고, 앞날개 2장만 남았다. 앞날개의 뒤쪽 아래에 희고 작은 곤봉 모양의 살점 조각이 붙어 있으니 바로 흔적기관(이전에는 생활에서 쓸모가 있었으나 현재는 쓸모없이 흔적만 남아 있는 부분)인 평형간이고, 그것이 떨면서 앵! 파리 소리를 낸다. 비록 뒷날개는 퇴화되었을지언정 몸의 평형(균형)에 큰 몫을 한다. 다시 말해서 파리나 모기는 비록 곤충이지만 날개가 두 장일 뿐이다!

미운 파리 잡으려다가 성한 팔 상한다 나쁜 것을 없애려고 서툴게 행동하다가는 오히려 다칠 수 있다.

쉬파리 똥 갈기듯 한다 주책(줏대가 없이 함부로 함)없이 무책임한 짓을 하다.

쉬파리(구더기) 무서워 장 못 담글까 다소(어느 정도) 방해(거리낌)되는 것이 있다 하더라도 마땅히 할 일은 하여야 함을 빗대어 이르는 말.

안다니 똥파리 잘 알지도 못하면서 여기저기 끼어들어 이것저것 아는 체하는 사람(안다니)을 비꼬는 말.

오뉴월 똥파리(쉬파리) 꾫듯 멀리서도 먹을 것이 있음을 귀신같이 알고 달려오는 사람이나 경우를 빗대어 이르는 말.

작은 잔치에 파리 꾄다 한몫 끼어들어 이득(이익)을 보려는 작태를 비꼬아 이르는 말.

파리 날리다 무료(심심하고 지루함)하거나 손님이 없을 때를 이르는 말.

파리 목숨 같다 남에게 손쉽게 죽음을 당할 만큼 보잘것없는 목숨, 또는 풀잎에 맺힌 이슬과 같은 인생(초로인생)이라는 뜻으로, 허무(텅 빔)하고 덧없는(헛되고 허전함) 인생임을 빗대어 이르는 말.

파리 발 드리다(꼬다) 두 손을 싹싹 비벼 애걸복걸(빎)하거나 윗사람에게 아부(알랑방귀 뀜)하다.

파리 잡듯 힘들이지 아니하고 죽여 없앰을 빗댄 말.

파리 족통만 하다 파리 발만 하다는 뜻으로, 아주 희미하거나 매우 작다.

송충이

털에 독이 들었다고?

송충이(松蟲-, pine caterpillar)는 솔나방과에 딸린(속하는) 솔나방의 유충(애벌레)으로 소나무(pine tree)에 큰 피해를 주는 해충(해론벌레)이다. 소나무 가운데서도 재래종 소나무인 적송(육송)이나 잣나무의 잎을 주로 먹고, 리기다소나무(rigida pine tree)나 해송의 잎처럼 거칠고 센 것은 꺼린다(싫어한다).

누에가 누에나방의 유충이듯이 송충이는 솔나방의 유충으로 몸은 원통 모양에 덥수룩한(더부룩한) 털로 덮였다. 송충이는 누에와 흡사하지만(비슷하지만) 흑갈색(검은빛을 띤 짙은 갈색)이고, 온몸에 길쭉하고 거센 털이 수북이 났다. 이렇게 억센 털이 수두룩하게 난 송충이를 흔히 모충(몸에 털이 있는 벌레)이라 한다. 송충이 털에는 꽤나 센 독이 들어 있어서 특별한 새를 제하고는(빼고는) 먹지 않는다. 또 송충이 털이 사람 살갗에 닿으면 물집이 생기고, 눈에 들어가면 염증이 일며, 심한 알레르기(allergy)를 일으키기도 한다.

야행성인 솔나방은 세계적으로 2000여 종이 있고, 한국에는 15종이 알려졌다. 번데기 시기가 있는 갖춘탈바꿈을 하고, 암컷은 매

집을 짓고 있는 송충이

솔나방

끈한 난형(달걀 모양)인 300여 개의 알을 솔잎이나 나뭇가지에 뭉쳐(모아) 낳는다. 알에서 깬 애벌레 송충이는 무리를 이루는데 가끔은 또래들 수백 마리가 꼬리에 꼬리를 물고 줄지어 굼틀굼틀 기어 다닌다. 참고로 '송충이'는 '소나무(松)에 사는 벌레'란 뜻이고, '솔나방'은 '소나무 나방'을 일컫는다.

애벌레 송충이는 초가을이 되면 4번 허물을 벗고, 10월 하순에는 나무에서 내려와 뿌리 부근의 흙이나 나무껍질에서 월동(겨울나기)한다. 이듬해 봄에 다시 3번 되풀이하여 탈피(허물벗기)한 다음에 비단실로 짠 고치(방)를 만들어 번데기로 들어앉는다. 얼마 후 그 번데기가 우화(날개돋이)하여 성충(솔나방)이 되는데, 아무것도 먹지 않고 오직 짝짓기와 산란을 하고 한살이(일생)를 마감(끝냄)한다.

송충이를 방제(없앰)하려면 송충이 천적(목숨앗이)인 여러 말벌(기생벌)이나 뻐꾸기, 꾀꼬리, 어치(산까치) 따위의 산새들을 보호하는 한편, 늦가을 나무밑동에 짚을 감아서 한데(한군데) 모인 송충이를 깡그리 없애고, 유아등(논밭에 켜는 벌레잡이 등)을 달아놓아 불빛으로 꾀어 송충이의 아비어미(솔나방)들을 몽땅 잡는다.

그런데 소나무를 괴롭히는 벌레에는 솔나방 말고도 외국에서 들어온 '솔잎혹파리'가 있다. 이는 일종의 파리 무리 곤충으로 알에서 깬 유충은 새로 난 솔잎 아래를 파고들어 가서 혹을 만든 다음 솔잎을 상하게(죽게) 한다. 그래서 솔잎혹파리에 강한(끄덕 않는), 북아메리카에 나는 리기다소나무를 들여와 죽은 소나무 자리에 보식(보충하여 심음)했다. 또한 '소나무의 에이즈'라고도 불리는 '소나무재선충'은 소나무에 기생하는 선충(선형동물)으로 '솔수염하늘소'가 이 나무 저 나무로 옮긴다.

사실 송충이를 보면 등골이 오싹(갑자기 몸이 움츠러들거나 소름이 끼침)해지면서 섬뜩하고 징그러우나, 가까이에서 세세히(속속들이) 들여다보면 한결 귀티가 난다. 귀엽고 예쁘지 않은 생물이 없다는 말이다! 자세히 보아야 예쁘고, 오래 보아야 사랑스러운 법. 밉게 보면 잡초 아닌 풀이 없고, 곱게 보면 꽃 아닌 사람이 없다 하지 않았는가.

송충이가 갈밭에 내려왔다 솔잎을 먹고 사는 송충이가 난데없이(뜻밖에) 먹을 것을 찾아 갈밭(갈대밭)에 내려온다는 뜻으로, 분수(신분/지위)에 어울리지 않는 행동을 한다는 말.

송충이가 갈잎을 먹으면 죽는다 솔잎만 먹고 사는 송충이가 갈잎(갈댓잎)을 먹게 되면 죽는다는 뜻으로, 제 주제(분수)에 맞지 않는 딴마음을 먹었다가는 큰 낭패(계획한 일이 실패로 돌아감)를 본다는 말.

송충이는 솔잎을 먹어야 한다 제 주제(분수)에 맞게 처신하여야 함을 비유하여 이르는 말.

지렁이

땅을 기름지게 만드는 작은 용

지렁이(구인, 蚯蚓, earthworm)를 지룡(땅의 용), 토룡(흙의 용)이라고도 하는데, 지룡은 한방에서 이르는 말로 고열·경기(경련)·고혈압 따위에 썼다 하고, '토룡탕'은 커다란 지렁이를 곤(푹 삶은) 것으로 병후(병을 앓고 난 뒤)나 피로 회복에 먹었다고 한다. 현대의학에서는 혈전(굳어서 된 조그마한 핏덩이)을 녹이는 룸브로키나제(lumbrokinase)라는 효소를 지렁이에서 뽑는다.

우리가 흔히 보는 지렁이는 '붉은큰지렁이'로 고리 모양을 한 체절(몸마디)이 여럿 있어 갯지렁이, 거머리와 함께 환형동물(環形動物)이라 부른다. 우리말 이름(국명, 國名)은 아무리 길어도 붙여 써야 하기에 '붉은큰지렁이'라고 써야지 '붉은 큰 지렁이'처럼 띄어쓰기를 하지 않는다.

지렁이에는 입에서 가까운 쪽, 몸통의 1/3쯤 되는 지점(32~37번 체절 사이)에 지렁이 체색(몸빛)보다 옅은 환대라는 것이 있는데, 이것은 생식기관으로 어릴 때는 없다가 성숙하면(자라면) 드러나므로 어린 지렁이의 앞뒤 구별은 더더욱 어렵다. 그리고 지렁이 몸마디

지렁이의 흙 둥지

지렁이 생식기인 환대(화살표)

마다 육안(맨눈)으로 보이지 않는, 8~12쌍의 까끌까끌한 강모(센털)가 뒤로 비스듬히 누워 있어서 땅바닥이나 굴에 몸을 틀어박도록 할 뿐 아니라 뒤로 미끄러지지 않도록 떠받쳐 준다.

또한 잡식성으로 흙 속의 세균이나 미생물, 식물 부스러기와 동물 배설물을 먹고 자잘하고 거무튀튀한 똥을 싸서 땅을 걸게 하고, 땅굴을 파느라 흙을 들쑤셔 통기(공기가 통함)를 원활케(잘 되게) 하여 식물뿌리의 호흡을 돕는다. 그래서 지렁이가 바글바글 들끓는 흙이 건강한 땅이요, 지렁이가 득실거리지 않으면 아무짝에도 쓸모없다. 무엇보다 지렁이는 생태계 먹이연쇄(먹이사슬)의 한 코(자리)를 지탱하는(버티는) 중요한 동물이다. 새나 두더지 등등 여러 동물의 먹잇감이 된다는 점에서 말이다.

지렁이는 자웅동체(암수한몸)라 몸에 정소(정집)와 난소(알집)가 모두 있다. 그런데 지렁이는 제(자기) 난자와 정자끼리 수정하지 않고 반드시 다른 지렁이와 짝짓기하여 정자를 맞바꾼다. 근친교배(가까운 것 사이의 수정이나 수분)가 해롭다는 것을 우리보다 먼저 안 지렁이다!

지렁이 갈빗대 같다 무척추동물(민등뼈동물)인 지렁이에 늑골(갈비)이 있을 리 만무(절대로 없음)하니, 오로지 터무니없는 것이거나 아주 부드럽고 말랑말랑한 것을 빗대어 이르는 말.

지렁이 룡(용) 되는 시늉 한다 북한어로, 도저히 이룰 수 없는 허황한(거짓되고 실속이 없음) 망상(헛된 생각)을 하는 경우를 이르는 말.

지렁이 어금니 부러질 노릇 지렁이에게는 어금니가 있을 수 없다는 데서, 아주 엉뚱한 짓을 함을 비꼬는 말.

지렁이도 밟으면(디디면) 꿈틀한다 아무리 눌려 지내는 미천(하찮고 천함)한 사람이거나 순한 사람이라도 너무 업신여기면 가만있지 아니함을 이르는 말.

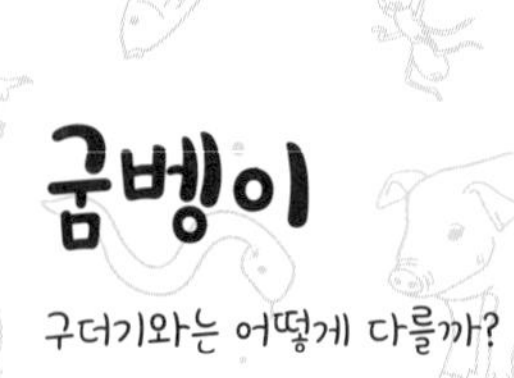

굼벵이

구더기와는 어떻게 다를까?

굼벵이(제조, 蠐螬, white grub)는 갑충(딱정벌레) 무리에 딸린 하늘소·사슴벌레·꽃무지·풍뎅이들의 유충을 일컫고, 구더기는 파리 무리 유충이다. 굼벵이와 구더기는 둘 다 유충이라는 점에서 한통속(같은 무리)이라 하겠고, 모두 번데기 시기를 거치는 완전변태(갖춘탈바꿈)를 한다. 몸이 짧고 뚱뚱하며, 동작(행동)이 매우 굼뜨다. 그래

굼벵이

사슴벌레

서 느린 것이나 느림보를 비꼬아 '굼벵이 기둥'이라거나 '굼벵이 걸음', '굼벵이' 따위로 쓴다.

굼벵이는 살갗이 매우 얇은 것이 몸빛깔이 희거나 황갈색이고, 새끼손가락 반만 한 것이 뒤룩뒤룩 살이 쪘으며, 이들이들(번들번들 윤기가 돌고 부들부들함)하다. 배 끝은 C자 모양으로 고부라진다. 몸의 앞쪽에 나 있는 3쌍의 다리는 매우 짧으며, 움직임이 형편없어 기지 못하고 꾸물꾸물, 꿈틀거릴 뿐이다. 전신에 듬성듬성 털이 나기도 한다.

그런가 하면 구더기는 몸이 희고, 물렁거리며, '푸세식 화장실(퍼내는 재래식 변소)'이나 부패물(썩은 물질)에 많이 생긴다. 자라면서 꼬리가 생기는데, 음식물에 생긴 파리 구더기를 '가시'라 한다. 참고로 짜디짠 간장·된장에 나는 구더기는 '붉은볼기쉬파리'의 유충으로 이것들은 염분(소금기)이 많은 해변 어촌의 건어물이나 말리는 중인 오징어에도 들끓는다.

우리나라 전통문화로 초가집을 빼놓을 수 없다. 벼 타작을 하고 나서 볏짚을 정성스레 엮어 만든 이엉으로 지붕을 곱게 인다(덮는다). 늦가을에 초가지붕을 새 이엉으로 바꾸느라 헌 이엉을 걷어낼

라치면 제일 먼저 꼬물거리는 허연 굼벵이가 시커멓게 삭은 짚북데기 속에서 득시글거렸다. 이 굼벵이는 매미 등의 흙 속 굼벵이와는 다른, 반질반질하고 우윳빛을 띤 '흰점박이꽃무지'의 유충이다. 이제 독자 여러분은 앞서 '매미' 편에서 이야기한 "굼벵이가 지붕에서 떨어지는 것은 매미 될 셈(뜻)이 있어 떨어진다."는 속담에 모순(두 사실이 이치상 서로 맞지 않음)이 있음을 알았을 터다.

'시체곤충'에 딸린 금파리

또 똥이나 썩은 음식에 쉬(알)를 스는(깔기는) 똥파리 말고도 시체(송장)에 날아드는 '시체곤충'이 있으니 검정파리·금파리·쉬파리 따위다. 바로 법의학(의학을 기초로 하여 법률적으로 중요한 사실 관계를 연구하고 해석함)에서 곤충으로 과학수사를 하는 것이다. 시체에 제일 먼저 이 파리들이 날아와 알을 낳고, 다음에 파리 구더기를 먹으러 딱정벌레가 나타나며, 그다음엔 딱정벌레에 알을 낳는 기생벌이나 기생파리가 달려든다. 이렇게 시체 분해 단계마다 다른 곤충이 나타나므로 이를 역추적(거꾸로 더듬어감)하여 시신이 죽은 시간을 추정(어림짐작)한다.

구더기 될 놈 아주 둔하고 어리석은 사람을 놀림조로 이르는 말.

구더기(가시) 무서워 장 못 담글까 / 쉬파리 무서워 장 못 담글까 다소(조금) 방해(훼방)되는 것이 있다 하더라도 마땅히 할 일은 하여야 함을 이르는 말.

굼벵이 천장하듯 굼벵이는 느려서 천장(무덤을 옮김)하자면 오래 걸린다는 뜻으로, 어리석은 사람이 일을 지체(늦춤)하며 좀처럼 성사(일을 이룸)시키지 못함을 비꼬는 말.

굼벵이도 구르는 재주가 있다 / 굼벵이도 꾸부리는 재주가 있다 아무런 능력(재주)이 없는 사람이 남의 관심을 끌 만한 행동을 하거나, 또 무능(능력이 없음)한 사람도 한 가지 재주는 있음을 이르는 말.

굼벵이도 밟으면 꿈틀한다 아무리 눌려 지내는 힘없는 사람이거나, 순진한 사람이라도 너무 멸시(업신여김)하면 가만있지 아니함을 이르는 말.

굼벵이도 제 일 하는 날은 열 번 재주를 넘는다(한 길은 판다) 미련퉁이도 일이 급하면 무슨 수를 내서든지 해낸다.

척추동물

어류

양서류

파충류

조류

포유류

망둥이

지극한 부성애를 가진 바닷물고기

망둥이(망동어, 望瞳魚, goby)란 농어목, 망둑어과에 속하는 바닷물고기를 총칭(전부를 한데 모아 두루 일컬음)하며, 지방에 따라 망둥어·망둑어·망어로 부른다. 여기서 '望瞳魚'란 "큰 눈동자(瞳)로 말똥말똥 바라다보는(望) 물고기(魚)"란 뜻이렷다. 실제로 질펀한 개펄 바닥에 불룩 튀어나온 큰 눈을 끔벅거리며 둘레둘레 고갯짓을 하다가도 옴짝달싹 않고 오도카니(우두커니) 있다. 그러나 사람이 가까이 갈라치면 갑작스레 덩달아 우르르, 폴짝폴짝 뛰다시피 물속으로 잽싸게 잠수한다.

망둑어과 어류에 딸린 짱뚱어

극동아시아(한국·일본·중국)가 원산지(동식물이 맨 처음 난 곳)로 그 지역에 주로 살지만 세계적으로 퍼져서 호주·멕시코·미국에도 산다. 망둑어과 어류 중 우리

나라에는 짱뚱어·문절망둑·말뚝망둥어·밀어 등 40여 종이 알려졌는데 낱낱이(샅샅이) 조사하면 100여 종은 너끈할 것으로 추측(어림짐작)한다.

망둥이는 우리나라 전국 연안(바닷가)에 널리 분포하고, 만(바다가 육지 속으로 파고들어 와 있는 곳)이나 하구(강물이 바다로 흘러 들어가는 어귀), 민물과 짠물이 섞이는 기수 지역에 서식한다. 어미들은 강과 바다를 들락거리며 살지만 치어(새끼)는 짠물에 산다.

그런데 우리나라 망둥이의 생태, 습성 등이 알려져 있지 않아 이들의 진짜 세계를 모르고 있다. 그래도 그중에서 제법 알려진 '문절망둑'을 살펴본다. 문절망둑은 만과 하구에 무리 지어 살고, 때로는 강을 거슬러 올라가기도 한다. 강에는 망둥이를 쏙 빼닮은 '밀어'가 있으니 이것은 해수어(바닷물고기)가 진화하여 담수어(민물고기)가 된 예다. 모든 생물은 바다에서 처음 생겨나 강이나 땅으로 올라간 것이다.

문절망둑은 몸길이가 보통 10~20센티미터이지만 25센티미터나 되는 것도 있다. 몸은 원통형이고, 몸빛은 누런빛을 띤 갈색(밤색)이며, 머리는 위아래로 약간 납작하고, 꼬리는 옆으로 납작하며, 머리와 입이 크고, 턱에는 이빨들이 줄지어 나 있다. 망둥이들이 다 그렇듯 등지느러미가 2개이고(다른 물고기들은 1개가 보통임), 가슴지느러미 둘이 합쳐져서 된 빨판은 돌

문절망둑

따위에 달라붙는 데 쓴다.

잡식성(동물성 먹이와 식물성 먹이를 가리지 않고 다 먹는 성질)으로 갯벌에 사는 갯지렁이나 갑각류, 또는 물풀이나 바닥의 유기물 따위를 먹는다. 짝짓기를 할 때는 혼인색(어류, 양서류 등이 번식시기에 암컷을 끌기 위하여 보통 때와는 달리 나타내는 색이나 무늬)으로 수컷 배지느러미 부근이 검게 변하고, 입술이 두꺼워진다.

수컷이 35센티미터가 넘는 굴을 깊게 파 암컷의 알자리(알을 낳거나 품는 자리)를 마련하고 암컷은 그곳에 3만 7000여 개의 알을 낳는데, 수컷이 그 알이 부화(알까기)할 때까지 꼬박 28일을 지키니 지극한 부성애라 하겠다. 망둥이를 낚시로 잡아서 회·구이·찜·매운탕을 하지만 통째로 등짝을 짜개 꺼덕꺼덕 말려서 굽거나 탕을 끓이기도 한다.

우리나라 '두줄망둑'이 미국의 캘리포니아나 샌프란시스코, 호주의 시드니에서도 발견되는 것은 나라마다 선박 평형수(平衡水, 바닥짐)에 묻어서 온 사방에 퍼진 것이리라. 그런데 외국종이 국내로 들어와 북새통(야단스럽게 부산을 떪)이지만 우리의 것이 외국에 나가 마구 날뛰는 것은 잘 모른다. 우리나라 재첩, 멍게(미더덕)가 미국에서 판을 치고, 망둥이까지 외국에 나가서 날뛰며, 가물치가 일본을 휩쓸고 다닌단다. 억새풀이나 칡이 미국에서 설친 지는 이미 오래전 이야기다. 어느 나라나 딴 나라에서 유입된 생물종들 때문에 골치를 앓는 것은 매한가지다.

망둥이 제 동무(새끼) 잡아먹는다 / 거지(비렁뱅이)끼리 자루 찢기 또래(비슷한 무리)나 일가친척(집안) 사이에 서로 싸움을 비유하여 이르는 말. 망둥이는 먹새가 엄청 좋은 어류(물고기)라 배고프면 동무나 살붙이(피붙이)도 잡아먹으니 이를 동족 포식이라 한다.

망둥이가 뛰니 꼴뚜기도 뛴다 / 숭어(잉어)가 뛰니까 망둥이도 뛴다 남이 한다고 하니까 분별없이(함부로) 덩달아 나서거나, 제 분수나 처지는 생각하지 않고 잘난 사람을 덮어놓고 따름을 비꼬아 이르는 말.

장마다 망둥이(꼴뚜기) 날까 좋은 기회는 늘 있는 것은 아니라거나, 자주 바뀌는 세상 물정(세상인심)을 모르는 어리석음을 비웃는 말.

준치

가시 많은 '진짜 물고기'

준치는 생선 중에 가장 맛있다 하여 진어(眞魚, 참고기)라 하며, 육질은 단단하고 살이 꽉 찬다. 준치로 만든 음식에는 국·만두·자반·찜·조림·회·구이·젓갈 등이 있다. 4~6월이 제철로 향기롭고 맛이 좋지만, 가시가 몹시 많고 억세므로 조심스레 먹어야 한다. 준치가 유난히 가시가 많은 데에는 다음과 같은 옛이야기가 전해진다.

아주 먼 옛날, 준치가 워낙 맛이 좋고 가시가 적어 사람들이 준치만 즐겨 먹어 멸족 위기에 처하자 용왕이 물고기들과 의논하였다. 그 결과 "사람들이 준치를 찾는 이유가 맛이 좋을 뿐더러 가시가 별로 없어서 그런 것이니 준치에게 가시를 많이 만들어주자."고 의견이 모아졌다. 용왕은 모든 물고기에게 준치 몸에 가시를 하나씩 꽂아주라고 명령하였다. 이에 물고기들이 자기 가시를 한 개씩 뽑아 준치에게 꽂아주는데, 준치가 아픔을 이기지 못하고 도망치자 준치 뒤를 좇으며 가시를 꽂아 유난히 꽁지 쪽에 가시가 많아지게 되었다.

준치

준치는 바닷물고기로 몸길이는 45~60센티미터 안팎이고, 언뜻 보아 밴댕이와 비슷하나 밴댕이보다 좀 크다. 몸은 옆으로 눌려 납작하고, 등은 어두운 청색, 배는 은백색이며, 눈은 큰 것이 지방질로 된 기름눈꺼풀(기름눈까풀)로 덮여 있다. 아래턱이 앞쪽으로 툭 튀어 나왔으며, 양턱에는 가느다란 이빨이 줄지어 났다.

준치는 겨울철엔 제주도 서남 해역에서 월동하다가 4~7월이면 북으로 이동하여 염분이 적은 강어귀나 기수지역에 산란한다. 2년이면 성어(자란고기)가 되고, 새끼 물고기나 어린 갑각류(새우나 게 무리), 두족류(오징어나 꼴뚜기 무리)의 유생(어린 것) 등을 먹는다. 한국 서남해와 일본 남쪽·동남아·인도양에도 분포한다.

물어도 준치 썩어도 생치 본래 좋고 훌륭한 것은 비록 상해도 그 본질에는 변함이 없다는 말.

시어(준치)는 뼈가 많고, 자미(두보)는 문에 능하지 못하며, 자고(증공)는 시가 변변하지 못하다 준치는 맛있지만 잔뼈가 많은 것이 흠이고, 두보는 대시인이지만 산문(자유로운 문장으로 쓴 글)에는 능하지 못하며, 문장가 증공은 운문(시의 형식으로 지은 글)에 변변치 못한 것이 유감(섭섭하거나 불만스러움)이란 뜻으로, 좋은 면의 한편에는 좋지 못한 일이 있음을 견준 말. 여기서 '두보'는 중국 당나라 때의 이름 난 시인이고, '증공'은 중국 북송 때의 문인·정치가이다.

썩어도 준치 준치가 물이 좀 갔다고 해도(상해도) 그 맛은 크게 변하지 않아서 그 진가(참값)를 간직하고 있다는 뜻으로, 그만큼 준치의 맛이 일품이라는 데서 유래한 말.

밴댕이

성깔이 급하기로는 둘째가라면 서럽다?

밴댕이는 청어과의 바닷물고기로 몸길이는 15센티미터 남짓한 소형 어종이다. 등엔 푸른색이 돌고, 옆구리와 배 바닥은 은백색을 띠며, 주둥이는 아래턱이 돌출되었다. 담수(민물)와 해수(바닷물)가 합치는 곳(기수지)에 떼 지어 살다가 한겨울엔 심해(깊은 바다)에 머무는데, 늦봄부터 산란하려고 하구(강어귀)나 연안(바닷가)으로 올라온다.

밴댕이는 "오뉴월 밴댕이"라는 말이 있을 정도로 들판의 보리가 누릇누릇 익어가는 음력 오뉴월 무렵이 제철이다. 대체로(대부분) 갓 잡은 것은 회를 뜨거나 통으로 소금을 뿌려 구이로 먹고, 소금에 쟁인 다음 오래 해묵혀 맛깔스런 젓갈을 얻는다.

흔히 심지(속마음)가 좁고 너그럽지 못하거나 쉽게 토라지는(삐치는) 사람을 일컬어 "밴댕이 소갈딱지 같다", "밴댕이 소갈머리를 닮았다."고 하는데, 이는 밴댕이 성깔이 급하기로는 둘째가라면 서러워할 생선으로 일껏(기껏) 그물로 잡아 올리는 족족, 금세 심신의 눌림(스트레스)을 이기지 못해 몸을 번드치며(뒤집으며) 파닥파닥 날뛰

밴댕이

다가 파르르 떨며 제풀에 죽어버리는 습성에서 비롯된 말이다. 성깔머리도 그렇지만 주로 현미경적인 동물성플랑크톤을 먹기에 속 내장이 매우 납작하고 홀쭉하다.

'소갈머리(소갈딱지)'는 얕은 심보(마음보)나 생각을 낮잡아 부르는 말로 "소갈머리 없는 녀석 같으니라고", "그 자식 소갈머리는 알다가도 모르겠다." 따위로 쓴다.

미꾸라지

밑구리가 미꾸리가 된 사연은?

미꾸라지나 미꾸리(추어, 鰍魚, loach)는 둘 다 같은 미꾸리과, 미꾸리속의 담수어(민물고기)다. 물론 여러 속(屬)이 모여서 하나의 과(科)가 되고, 같은 말로 하나의 과는 여러 속이 모인 것이다. 가을엔 추어탕을 으뜸 보신탕으로 치는데 추어탕의 '鰍' 자는 물고기(魚)와 가을(秋)의 합성어로 '가을 물고기'를 뜻한다.

그렇다면 대체 '미꾸라지'와 '미꾸리'는 어떤 점이 다른가? 둘은 하도 빼닮아서 보통 사람은 엔간해서(어지간해서) 구별하지 못한다. 크게 보아 입수염과 몸뚱이에서 차이가 난다. 입수염은 둘 다 3쌍으로 듬성듬성하게 난 얼굴 수염을 '미꾸라지 수염'이라 비꼬아 부르기도 하는데 미꾸라지는 수염이 길고, 몸이 좀 납작한 편인 데 비해 미꾸리는 수염이 짧고, 몸통이 둥그스름하다. 그래서 흔히 미꾸라지를 '납작이'라 부르고, 미꾸리를 '둥글이'라 부른다.

미꾸라지는 황갈색 바탕에 등은 검고, 배는 회색이며, 몸이 미꾸리에 비해 짧고, 홀쭉한(여윈) 것이 미꾸리보다 납작한 편이다. 잡식성으로 식물성인 조류(말무리)를 비롯해 동물성플랑크톤·모기 유충(장구벌레)·실지렁이 따위를 먹고, 오염된 물에도 잘 견딘다. 동아시아가 원산지(동식물이 맨 처음 난 곳)로 우리나라·중국·타이완에 분포하며, 일본에는 미꾸리만 산다 한다.

다음으로 미꾸리는 미꾸라지와 더불어 진흙이 깔린 늪이나 연못·논·웅덩이에 산다. 등은 짙은 검정색, 배는 연한 노란색 또는 흰색이지만 서식처(사는 곳)에 따라 체색(몸빛)이 바뀐다. 작은 눈은 머리 위쪽에 붙고, 입은 아래로 굽었으며, 살갗에는 미끌미끌한 점액이 분비된다.

'미꾸리'의 어근(말 뿌리)은 자못 흥미롭다! 미꾸리나 미꾸라지는 모두 아가미로 숨을 쉬지만 물속에 산소가 달리면(모자라면) 허둥지둥 물 위로 치올라 가서 입으로 공기를 한 모금 머금고 다시 물속으로 든다. 입에 든 공기를 꿀꺽 삼켜 창자로 내려간 산소(O_2)를 흡수하고, 몸에서 생긴 이산화탄소(CO_2)를 방울방울 항문(밑)으로 내보내니 이를 '창자 호흡'이라 한다. 그런데 미꾸리 똥구멍에서 공기 방울이 솟아나는 것이 천생 붕붕 방귀를 뀌는 것으로 보였다. 그 때문에 밑이 구린 녀석들이라 해서 '밑구리'가 되었고, 그것이 나중에 '미꾸리'로 변한 것이다.

전남 남원에서는 추어탕으로 이름난 '남원추어탕' 자료인 미꾸리를 대량 사육하고, 서울시에서는 모기 생기는 것을 미리 막느라 해마다 여의도 샛강에 1만여 마리를 방류(풀어놓음)하는데, 미꾸라지 한 마리가 하루에 장구벌레 천 마리씩을 잡아먹는다고 한다.

미꾸라지(미꾸리) 같은 놈 자기에게 이롭지 않으면 요리조리 살살 피하거나 쏙쏙 잘 빠져나가는 믿을 수 없는 사람을 이르는 말.

미꾸라지 밸 따듯 북한어로, 미끄러워서 따기가 힘든 미꾸라지의 배알(창자)을 따는 것처럼 한다는 뜻으로 일을 건성건성(대강대강) 해치움을 빗대어 이르는 말.

미꾸라지 볼가심하다 북한어로, 미꾸라지가 입가심(입안을 개운하게 가시어 냄)을 할 정도의 매우 적은 양을 이르는 말. '메기 침만큼'과 통하는 말이다.

미꾸라지 속에도 부레풀은 있다 아무리 보잘것없는 사람이라도 나름대로 속도 있고 오기(깡다구)도 있음을 빗댄 말. 여기서 '부레풀'이란 바닷물고기 민어의 부레(물고기 몸속에 있는 얇고 질긴 공기주머니로 뜨고 가라앉는 것을 맞춤)를 말려 두었다가 물에 끓여서 만든 접착제를 말하는데 들러붙는 힘이 아교풀(갖풀)보다도 뛰어나다. 아교풀은 짐승 가죽이나 힘줄, 뼈 따위를 진하게 고아서 굳힌 끈끈한 풀이다.

미꾸라지 용 됐다 미천하고 보잘것없던 사람이 훌륭하게 되었다는 말.

미꾸라지 천 년에 용 된다 무슨 일이나 오랜 세월을 두고 힘써 닦으면 반드시 훌륭하게 될 수 있다는 말.

미꾸라지 한 마리가 온 웅덩이를(한강 물을) 흐려놓는다 미꾸라지가 구정물(흙탕물)을 일으켜서 온통 다 흐리게 한다는 뜻으로, 한 사람의 좋지 않은 행동이 그 집단(여럿이 모여 이룬 모임) 전체나 여러 사람에게 나쁜 영향을 미침을 이르는 말.

미꾸라지(미꾸리) 모래 쑤신다 미꾸라지가 모래를 쑤시고 들어가 감쪽같이 숨었다는 뜻으로, 아무런 흔적(자국)이 나지 아니함을 이르는 말.

용이 물 밖에 나면 개미가 침노를 한다 / 용이 개천에 빠지면 모기붙이 새끼가 엉겨 붙는다 아무리 좋은 처지에 있던 사람이라도 불행하게 되면 하찮은 사람에게서까지 모욕(깔봄)을 당하고 괄시(업심)를 받게 된다는 말.

메기

'메기 효과'란 무슨 말일까?

메기(점어, 鮎魚, catfish)는 메기과의 민물고기로 몸길이는 30~50센티미터에 이른다. 몸통 앞부분은 원통꼴이나 뒤로 갈수록 가늘어지면서 옆으로 납작해지며, 아주 큰 머리는 위아래로 몹시 납작하고, 뒷지느러미가 아래로 뻗어나 있다. 입가에는 2쌍(어릴 때는 3쌍임)의 수염이 있고, 비늘이 없는 대신 진액(짙은 점액)을 쏟아내고, 몸통은 암갈색이지만 머리 밑과 배는 희다. 가슴팍의 가슴지느러미와 잔등이의 등지느러미에 센 가시가 있고, 그 끝에 톱날 모양의 날카로운 가시돌기와 독선(독샘)이 있어서 찔리면 무척 알알하고 쓰라리다.

메기는 입가에 난 수염을 쉼 없이 흔들어대며 먹잇감이나 거치적거리는 것을 알아낸다. 서양인들이 메기를 'catfish'라 부르는 것은 커다란 머리에 넓적한 입과 기다랗고 하얀 수염을 가진 것이 고양이(괭이)를 똑 닮았기 때문이다. 오징어·뱀장어·미꾸라지 등 비늘 없는 물고기를 먹지 않는다는 서양 기독교인들도 비릿함이 거의 없는 메기는 즐겨 먹는다고 한다.

메기는 강·저수지·늪지대에 살고, 오염에 꽤나 잘 견디며, 야행성(밤에 움직이는 성질)으로 잔물고기나 새우, 다슬기 따위를 잡아먹는다. 그런데 주행성(낮에 활동하는 성질) 물고기와 야행성 물고기는 어떻게 구별할까? 간단히 말하면 붕어나 잉어, 피라미처럼 몸이 납작하고, 비늘이 은빛을 내는 것은 주행성이며, 뱀장어나 메기같이 몸통이 둥그스름하면서 몸빛깔이 흐릿한 것은 야행성이다. 하나 더 보태면 야행성 어류는 어느 것이나 육식성이고, 비림이 덜하다.

메기는 5~7월경이면 웅덩이나 얕은 물가로 제가끔(제각기) 떼 지어 몰려와 짝짓기를 한다. 수놈은 야멸치게 암놈 가슴팍을 온몸으로 돌돌(챙챙) 감아 죽일 듯이 꽉 죄어 산란(알 낳기)을 유도(꾀고 이끎)한다. 암컷은 짙은 초록색의 알을 물풀이나 자갈에 붙이고, 알은 8~10일 후에 부화(알까기)한다.

귀화 어류인 찬넬메기

그런데 음식점에서 먹는 메기매운탕은 토종(재래종) 메기일 확률이 낮다. 십중팔구(거의 대부분) '찬넬동자개', 곧 미국 유입종인 찬넬메기(channel catfish)로 인공양식이 쉬워 세계적으로 인기를 끄는 어종이다. 한국에 귀화하면 한국인이 되듯 찬넬동자개도 이젠 우리 물고기다. 본토박이 생물인 한국 고유종(특산종)은 20퍼센트가 되지 않고 죄다 귀화한 것들이라니 하는 말이다.

'메기 효과(catfish effect)'란 말이 있다. 옛날에 노르웨이 먼 바다에서 진땀 빼고 잡은 귀한 정어리가 어시장에 도달(다다름)하기도 전에 죽어버리기 일쑤였는데 어떤 노인 선장은 정어리를 부두까지 내내(끝까지) 팔팔하게 살려 왔더란다. 그 선장이 죽고 나서 물고기 운반 탱크(수조) 뚜껑을 열어보니 의외로(뜻밖에) 그 안에는 산 바다메기 한 마리가 들어 있었더란다. 정어리의 포식자(천적)인 바다메기가 수조 안에서 슬금슬금 돌아다닐라치면 정어리들은 그놈을 피해 이를 사리물고(악물고) 도망친다. 이처럼 강한 경쟁자 덕분에 약한 것들이 싱싱하게 생기(활기)를 얻는 것이 바로 메기 효과다. 다시 말해서 정어리들은 메기에게 잡아먹히지 않으려고 피해 다니고, 그런 생존(살아남음)의 몸부림이 정어리를 살아 있게 한 원동력(근본이 되는 힘)이 된 것이다.

메기 나래에 비늘 있겠다 원래부터 없던 것(메기는 비늘이 없음)이 돌연히(갑자기) 생겨날 수 없음을 이르는 말. 여기서 '나래'는 지느러미의 시골말이다.

메기 등에 뱀장어 넘어가듯 일을 분명하고 깔끔하게 하지 않고 슬그머니 얼버무림을 빗대어 이르는 말.

메기 아가리 큰 대로 다 못 먹는다 세상만사가 마음먹은 대로 모두 이루어지기 어려움을 이르는 말.

메기 잡다 강에서 메기를 잡노라면 옷이 젖는다는 점에서, 물에 빠지거나 비를 맞아 온몸이 흠뻑(온통) 젖음을 이르는 말.

메기 침 흘리듯 한다 가뭄이 들어서 흐르는 강물이 너무 적음을 빗대어 이르는 말.

메기 침만큼 아주 적은 양을 이르는 말.

메기가 눈은 작아도 저 먹을 것은 알아본다 아무리 견문(보고 들음)이 없는 이도 제 살길은 다 마련하고 있음을 이르는 말.

메기가 침만 뱉아도 넘치겠다 아주 작은 개울(시냇물)을 이르는 말.

메기주둥이 같다 입이 아주 큰 사람을 빗대어 이르는 말.

산골 메기가 쏜다 두메산골 사람들의 성미(마음씨)가 도시 사람들보다 여리고 곱지만 화나면 물불을 가리지 않는다는 말.

송사리

최초로 우주왕복선에서 새끼를 키운 척추동물

송사리(소양어, 韶陽魚, ricefish)는 송사리과의 잔고기로 몸은 길쭉하고, 옆으로 납작하다. 입은 작은 편으로 조금 위로 뜨고, 눈은 둥근 것이 큰 편이며, 등지느러미가 꼬리 쪽으로 치우쳐 붙었다. 몸빛은 잿빛 갈색으로 옆구리에는 작고 검은 점이 많고, 옆줄이 없으며, 등지느러미는 1개로 거피(guppy)를 많이 닮았다.

송사리

송사리는 연못이나 논꼬(논의 물꼬)에 주로 사는데 물 위층에서 무리 지어 살고, 플랑크톤을 먹으며, 수질·산소 함량 등 환경 변화에 내성(견디는 힘)이 강하다. 동남아가 원산지(동식물이 맨 처음 난 곳)로 한국·일본·타이완·중국·베트남 등지에 분포한다.

송사리처럼 '사리'가 붙은 것은 어류(물고기) 중에서 작은 것이나 물고기 새끼를 이른다. 자가사리·바가사리(퉁가리)·빠가사리(동자개)·배가사리 따위가 그렇고, 전어 새끼를 '전어사리'라 한다. '자가사리 끓듯'이란 크지도 않은 것들이 많이 모여 복작거림을, "자가사리가 용을 건드린다."란 힘이 약한 것이 자기 힘으로 맞상대(맞겨룸)할 수 없는 강한 것을 함부로 건드림을 비꼬아 이르는 말이다. 암튼 제발 '송사리' 같은 자질구레한 좀팽이(몸피가 작고 좀스러운 사람)가 되지 말 것이다.

예전엔 물꼬나 봇도랑, 논도랑에도 조무래기(꼬마)나 추라치(굵고 큰 송사리)들이 마구 떼를 지어 다녔는데 이젠 그것들을 만나기가 하늘에 별 따기만큼이나 어려워지고 있다니 걱정이 앞선다. 무릇 물이란 물은 성한 곳이 없으니 말이다.

산란기는 5~8월, 이른 새벽 시간(4~5시경)에 산란하고, 낳은 알을 암놈이 꼬리지느러미에다 매단 채 7~8시간을 마냥 맴돌다가 수초에다 붙인다. 한 번에 낳는 알은 고작(겨우) 10~20개쯤이지만 이곳저곳에 번갈아 낳으니 모두 모으면 400~800개나 된다. 빠르면 3일 안에 부화하여 어미 빼닮은 어엿한 애송이 새끼가 된다.

수조에 넣어 키워보면 낮엔 물 표면에 올라와 획획 날래게 움직이지만, 밤만 되면 슬슬 내려가 수초에 숨어 밤을 샌다. 그러면서도 언제나 서로 겁박(으름장 놓음)하고, 득달같이 텃세를 부리니 힘 약한 놈들은 큰 놈이 그어놓은 선을 주눅 들어 얼씬 못 하며, 에둘러 지나치거나 언저리에서 기웃거릴 뿐이다. 그래서 서로 다툼이 일어나지 않고 위계질서(상하 차례)를 지켜 송사리 집단에서 쓸데없는 싸움으로 힘(에너지)의 소비를 줄이는 지혜(슬기)를 발휘한다. 그렇지 않았다면 물고 뜯고 부대끼느라 힘이 빠져버려 다른 물고기에게 다 잡아먹히니 말이다. 닭이나 돼지들의 우열 순서, 계급(체계)도 마찬가지다.

송사리는 초파리처럼 생활사(한살이)가 무척 짧고, 새끼를 많이 치며, 실험실에서 키우기 쉬운 탓에 생물 실험 재료로 많이 쓰인다. 그 때문에 송사리에 대한 생태·생리·발생·유전 등등 거의 모든 것이 다 밝혀졌다. 또 1994년 7월, 척추동물로는 맨 처음 우주왕복선 컬럼비아호에서 알을 낳고, 새끼까지 키운 기록을 가진 송사리렷다.

고기는 안 잡히고 송사리만 잡힌다 일껏 목적하던 바(일)는 이루지 못하고 쓸데없는 것만 얻게 됨을 빗대어 이르는 말.

보쌈에 엉기는 송사리 떼 같다 북한어로, 보쌈을 놓으면 거기에 송사리 떼가 엉겨드는 것 같다는 말. 오글오글 몰려드는 모양을 뜻한다. 여기서 '보쌈'이란 양푼만 한 그릇에 먹이를 넣고 구멍을 뚫은 보(천)로 싸서 물속에 가라앉혔다가 나중에 그 구멍으로 들어간 물고기를 잡는 도구이다. 그래서 "보쌈에 넣다(들게 하다)"란 꾀를 써서 남을 걸려들게 함을 이른다. 물고기를 잡는 법에 보쌈이나 손더듬이, 족대, 투망, 그물 따위들 말고도 '돌땅'이란 것이 있으니 돌이나 망치 따위로 고기가 숨어 있을 만한 물속의 큰 돌을 세게 쳐서 그 충격으로 고기를 잡는다.

송사리 끓듯 / 웅덩이에 송사리 모이듯 한 데 모여 와글거리는 모양을 이르는 말.

송사리 한 마리가 온 강물을 흐린다 대수롭지 않은 이가 저지른 좋지 않은 행위(짓거리)가 여럿에게 나쁜 영향을 끼친다는 말. 여기서 '송사리'란 여럿 가운데 가장 작고 품(태도나 됨됨이)이 낮거나 지지리 못난 사람(잔챙이)을 낮잡아 이른다. 다시 말해서 덩치가 몹시 작고 별 볼 일 없는 하찮은 소인배(도량이 좁고 간사한 사람들)나 힘이 없는 약자를 통칭(통틀어 일컬음)한다.

잉어

왜 세계 100대 말썽꾸러기로 꼽힐까?

잉어(이어, 鯉魚, carp)는 잉어과의 민물고기로 헌걸찬(풍채가 좋고 의기 당당한) 놈이 보통 50센티미터 남짓이지만 큰 놈은 120센티미터나 된다. 동남아시아가 원산지(동식물이 맨 처음 난 곳)로 지금은 세계적으로 분포한다.

몸은 좌우 양쪽이 눌려져 납작한 편이고, 통상(보통) 몸빛은 황갈색이지만 서식 환경에 따라 색깔이 다양하다. 주둥이는 둥글고, 붕어와 생김새가 엇비슷하나 입가에 콧수염 두 쌍이 드리워져 있어 수염이 없는 붕어와 구별된다. 눈은 작은 편이고, 아래턱이 위턱보다 조금 짧으며, 둥글고 큰 비늘은 측선(옆줄)을 따라서 30~33개가 지붕 기왓장 모양으로 줄줄이 난다. 옆줄은 몸 양옆에 한 줄로 늘어서 있는 비늘로 물살이나 수압을 느끼는 감각기관이다.

사실 잉어와 붕어는 겉치레가 하도 닮아서 내 눈에도 붕어가 잉어요, 잉어가 붕어로 보인다. 그러나 잉어는 2쌍의 입수염(입가에 난 수염)이 있지만 붕어는 숫제 수염이 없으며, 잉어는 몸길이가 50센티미터 안팎인 반면(대신) 붕어는 20~40센티미터로 잉어보다 작고, 잉어가 주로 깊은 물에 산다면 붕어는 강가나 호숫가에 산다.

잉어

잉어는 먹이를 찾기 위해 개흙바닥을 들쑤시는 습성(버릇)이 있어 강물을 흐리게 하고, 가는 곳마다 꺼드럭거리며(거만스럽게 잘난 체하며 자꾸 버릇없이 굶) 다른 물고기를 못살게 굴기에 '세계 100대 말썽꾸러기'로 점찍혔다고 한다. 잉어의 치어(새끼 물고기)는 동물성플랑크톤을 먹고 자라는데, 커가면서 먹새(식성) 좋은 잡식성으로 변해 고둥·새우·잔고기·물고기 알·수서곤충·물풀 등을 닥치는 대로 먹어 치운다.

잉어와 달리 수염이 없는 붕어

5~6월경 아침결에 약 30만 개의 알을 물풀 줄기나 잎에 붙이고, 수정된 알은 10일을 전후(앞뒤)로 부화한다. 이렇게 수많은 알을 낳

돌연변이 잉어를 개량한 비단잉어

지만 개체 수에 큰 변화(차이)가 없는 것은 알과 치어가 딴 동물에 거의 다 잡아먹히는 탓이다.

잉어와 붕어는 예부터 식용이나 약용, 관상용으로 쓰였다. 특히 '용봉탕'은 영계(햇닭)를 곤(푹 삶은) 국물에 토막 낸 잉어를 넣고 푹 끓인 뒤 닭살 무친 것과 달걀·지단(계란채)·표고 등의 고명(양념)을 얹어낸 영양이 풍부한 보양식이다.

일본에서 비단잉어(koi라 부름)를 개발한 것은 유명한 일이다. 돌연변이(새로운 형질이 나타나 유전하는 현상)로 생긴 것들 중에서 빛깔·무늬·광택 등이 뛰어난 형질(모양과 성질)을 골라 키운 것으로 수많은 품종(종류)이 있다. 이렇게 비단잉어가 있다면 붕어엔 돌연변이종인 '금붕어'가 있다.

잉어 꿈은 수태(임신)를 알리는 길몽(좋은 꿈)이라 하였다. 그리고 예전엔 잉어를 출세(높은 지위에 오르거나 유명하게 됨)의 관문(길목)인 등용문(登龍門, 용이 되어 하늘로 올라가는 문)과 연관(관계를 맺음)시켰다. 중국 전설(고사)에 따르면 황하 상류의 용문계곡 근처에 물살이 거센 폭포가 있는데 잉어가 거기(용문, 龍門)를 오르면 용이 되었다고 한다. 그래서 "등용문하다"란 용문에 오른다(登)는 뜻으로 어려운 과정을 거쳐 크게 출세하게 됨을, "개천에서 용 난다"란 미천(신분이나 지위 따위가 하찮고 천함)한 집안이나 변변하지 못한 부모에게서 훌륭한 인물이 남을 이른다.

보리밥 알(새우/곤쟁이)로 잉어 낚는다 적은 밑천으로 큰 이득을 보려는 경우를 이르는 말.

붕어 밥알 받아먹듯 생기는 족족 다 써버림을 빗댄 말.

속빈 강정(의 잉어등 같다) 겉만 그럴듯하고(번드르르하고) 실속이 없음을 빗댄 말. 여기서 잉어등이란 사월 초파일에 매다는 잉어 꼴의 어둠을 밝히는 등을 일컫는다.

얼음 구멍에서 잉어 낚는다 겨울철 얼음 구멍에서 잉어를 낚듯이 매우 귀중한 것을 얻는다는 말. 한 효자가 하늘의 도움으로 한겨울에 잉어를 구하여 병든 어머니를 공양(웃어른을 모시어 음식 바라지를 함)했다는 이야기가 전해온다.

잉어 낚시에 속절없는 송사리 걸린 셈 큰 결과를 바라고 한 일이 보잘것없는 성과(보람)밖에 얻지 못할 때를 이르는 말.

잉어가 뛰니까 망둥이도 뛴다 남이 하는 짓을 덩달아 흉내 내어 웃음거리가 됨을 이르는 말.

찐 붕어가 되었다 기세가 꺾여 형편없이 되었다는 말.

개구리

'냄비 속 개구리' 이야기는 왜 거짓일까?

물과 뭍, 양쪽에 사는 동물인 양서류는 꼬리가 있는(유미류) 도롱뇽 무리와 꼬리가 없는(무미류) 개구리 무리로 나눈다. 개구리(와, 蛙, frog)는 개구리과의 양서류(물뭍동물)로 전국의 논밭 둘레에서 제일 흔하게 볼 수 있는 참개구리(논개구리) 말고도 청개구리·금개구리·북방산개구리·계곡산개구리·아무르산개구리·옴개구리·황소개구리 따위가 있다.

지방에 따라 개구리를 '개구락지'라 부르고, 둥그렇게 불거져 나온 큰 눈을 빗대 '개구리눈'이라 한다. 또 '프로기즘(frogism)'이란 말이 있는데 이는 사람이 늙을수록 다른 이의 온기나 정이 그리워 어울리려고 하는 원초적 본능으로, 봄여름에 따로 살던 개구리들이 한데 몰려들어 겨울잠을 자는 것에 빗댄 말이다.

참개구리

뒷다리에만 물갈퀴가 있는 개구리 발가락(흰입술개구리)

다음은 참개구리를 놓고 하는 이야기다. 먼저 개구리 무리와 도롱뇽 따위의 양서류는 모두 앞다리 발가락이 4개이고, 뒷다리 발가락이 5개인 것도 꼭 알아두자. 앞발가락 사이에는 물갈퀴가 없으나 뒷발가락 사이에는 헤엄치기에 도움을 주는 얇은 오리발 모양의 물갈퀴가 있다.

몸길이는 6~9센티미터이며, 암컷이 수컷보다 조금 크다. 수컷 턱 아래에는 좌우 한 쌍의 울음주머니가 있어 소리를 내지르는데, 다른 동물이 그렇듯 암컷은 음치(소리에 대한 음악적 감각이 무디어 음을 바르게 알아차리거나 소리 내지 못함)다.

물에 사는 새끼 올챙이는 아가미와 꼬리가 있고, 초식성이다. 그러나 땅에 오른 어미 개구리는 허파로 숨쉬고, 꼬리가 사라지며, 육식성으로 바뀌면서 움직이는 곤충이나 거미, 지네 따위를 먹는다. 파리나 메뚜기도 움직여야만 잡아먹는다.

긴긴 여름해가 뉘엿뉘엿 지고 어둠이 내리면, 초저녁부터 밤이 이슥도록 무논(물이 괴어 있는 논)의 수컷 개구리들이 무리 지어 와글와글 암컷을 부르는 사랑의 합창을 한다. 그런데 왜 그렇게 떼 지어서 소리를 내지르는 것일까? 그렇다. 어슷비슷한 녀석들이 한꺼번에 개골거리면 뒤숭숭하여 어디에 어느 놈이 있는지 도통(도무지) 조준(겨냥)해 잡을 수가 없다. 그야말로 잡아먹으려 드는 포식자(천적)를 혼란(뒤죽박죽이 되어 어지럽고 질서가 없음)에 빠뜨리는 교묘한(약삭빠르고 묘한) 작전이로다!

개구리를 뜨거운 물에 바로 집어넣으면 펄쩍 뛰쳐나오지만, 찬물에 담그고 아주 천천히 데우면 뜨거움을 느끼지 못하고 마침내 죽게 된다는 '냄비 속 개구리' 이야기를 들은 적이 있을 것이다. 이는 사람들이 아주 천천히 일어나는 변화는 잘 느끼지 못한다는 것을 빗대 쓰는 말이다. 그러나 이 이야기는 거짓부렁이로 19세기에 실시했던 실험들이 잘못 전해진 탓이다. 세상에 그런 바보 개구리는 결단코(맹세코) 없기 때문이다.

1921년에 발표된 염상섭의 단편소설 「표본실의 청개구리」를 보면, 해부한 개구리 몸에서 김이 무럭무럭 난다는 말이 나오는데 이는 잘못된 것임을 다들 알고 있을 터. 개구리는 실험실 온도와 늘 같은 변온동물이라 개구리 몸에 김이 서리지 않는다.

사랑하는 청소년들이여! 세상은 드넓고 할 일은 더할 나위 없이 많다. 부디 '우물 안 개구리'가 되지 말고, 한껏 호연지기(넓고 큰 기개)를 키울지어다.

가뭄철 물웅덩이의 올챙이 신세 머지않아 죽을 운명에 놓인 가련(가엽고 불쌍함)한 신세(처지).

개구리 낯짝에 물 붓기 / 개구리 대가리에 찬물 끼얹기 물에 사는 개구리에 물을 끼얹어 보았자 개구리가 놀랄 까닭이 없다는 뜻으로, 어떤 자극을 주어도 조금도 먹혀들지 아니하거나 어떤 일을 당하여도 태연함을 이르는 말.

개구리 돌다리 건너듯 개구리가 껑충껑충 뛰어서 돌다리를 건너가듯 일손이 깐깐하지 못하고 건성건성 하는 모양을 암시(넌지시 알림)하는 말.

개구리 소리도 들을 탓 시끄럽게 우는 개구리 소리도 듣기에 따라 좋게도 들리고 나쁘게도 들린다는 뜻으로, 같은 현상(일)도 어떤 기분으로 대하느냐에 따라 다르다는 말.

개구리 올챙이 적 생각 못 한다 형편(살림살이)이 전에 비하여 나아진 사람이 어렵던 지난날을 잊고 지나치게 잘난 체함(젠체함)을 비꼬아 이르는 말.

개구리도 옴쳐야 뛴다 개구리도 뛰기 전에 웅송그리고 옴츠려야 한다는 뜻으로, 아무리 급해도 일에는 준비할 시간이 필요하다는 말.

성균관 개구리 성균관 선비들이 줄곧 앉아서 글을 외우는 것이 마치 개구리가 우는 것 같다는 뜻으로, 자나 깨나 글만 읽는 사람을 빗대어 이르는 말.

장마 개구리 호박잎에 뛰어오르듯 귀엽지도 아니한 것이 깡똥하니(짧은 다리로 가볍게 뛰는 모양) 올라앉는 것을 빗대어 이르는 말.

정중지와(井中之蛙) 우물 안 개구리라는 뜻으로, 세상물정(세상인심)을 너무 모르는 견문(보고 들음) 좁은 사람을 이르는 말.

두꺼비

두껍아, 두껍아, 헌 집 줄게 새 집 다오!

두꺼비(섬여, 蟾蜍, toad)는 양서류(물뭍동물), 두꺼비과에 속하는 동물로, 수놈(8cm)보다 암놈(13cm)이 훨씬 크고, 무게는 60~80그램 정도이다. 두 눈은 개구리처럼 우뚝 솟았고, 눈동자가 가로로 찢어졌으며, 살갗이 가죽같이 질기고 딱딱하다. 한국에 사는 두꺼비는 극동아시아(한국·중국·내몽고·일본·러시아 동부 지역)에만 나는 종이다.

두꺼비 몸에는 꺼림칙한 사마귀(피부 위에 낟알만 하게 도도록하고 납작하게 돋은 반질반질한 군살)처럼 생긴 도드라진 잔잔한 혹들이 한가득 났고, 눈 뒤의 귀 아래에 독선(독샘)이 있어 흰 두꺼비독이 나온다. 독이 손에 묻어도 큰 탈이 없으나 눈에 닿으면 따갑다.

예전엔 두꺼비를 잡아서 큰 병에 집어넣고 놈들을 쿡쿡 찔러 겁을 주어서 방어(공격을 막음)물질인 독액을 분비케 하여 그것을 모아서 한약으로 썼고, 아메리칸인디언들은 독화살개구리의 독을 화살 끝에 묻혀 사냥을 했다 하지 않는가. 두꺼비의 천적은 능구렁이 같은 큰 뱀이고, 개미·거미·민달팽이·지렁이 나부랭이들이 두꺼비의 먹잇감이다. 천적(목숨앗이) 없는 생물은 세상에 없는 법이다. '사람의 천적은 자기 자신'이란 말이 있으매…….

벌레들이 다 숨어버린 장마철이면 녀석들이 집 마당에 뒤뚱뒤뚱 앉은 채 걷는 걸음으로 기어들어 천하에(세상에 다시는 없을 만큼) 몹쓸 저지레(일이나 물건에 문제가 생기게 만들어 그르치는 일)를 했다. 아비규환(여러 사람이 비참하고 끔직한 지경에 빠져 울부짖음)이 따로 없다. 마루턱에 꿀벌 통이 몇 있었는데 이놈들이 벌통 어귀에 너부죽이 엎드려 바글바글 들락거리는 꿀벌을 비호같이(날쌔게) 닝큼닝큼, 날름날름 온통 잡아먹는다. 큰 입을 떡떡 벌려 덥석덥석 다 잡아먹을

몸에 돌기가 잔뜩 솟은 두꺼비

듯이 덤빈다.

이러다가 삽시간에 죄다 거덜 날 판이다. 곤욕스런(참기 힘든) 분탕질(노략질)을 두고 볼 수 없어, 부지깽이 몽당이로 자치기하듯 배때기를 치켜들어 멀찌감치 휙 내동댕이친다. 하지만 그렇게 등짝을 세게 얻어맞고도 어수룩하게 눈만 끔벅거리며 배에 공기를 북북 집어넣어 몸을 맹꽁이처럼 불룩이 부풀리고는 버티고 있다. 미련한 곰이 따로 없다.

어린이 놀이터에서도 두꺼비들을 만난다. 여기저기서 "두껍아, 두껍아, 헌 집 줄게 새 집 다오!" 하고 애송이(어린이)들이 고래고래 소리를 지른다. 젖은 모래밭을 미주알고주알(속속들이) 후벼 파내고, 거기에 꽉 오므려 쥔 '두꺼비 손'을 통째로 집어넣고는 손등 모래를 톡톡 두드린 다음 조심스레 끌어내니 뻥 뚫린 굴집이 생긴다. 뻔질나게 부서지면 짓고, 또 짓고는 부수기를 거듭거듭 한다. 이렇게 흙을 만지면 아이 어른 할 것 없이 심성(타고난 마음씨)이 흙처럼 보드라워진다!

한편 '떡두꺼비'란 탐스럽고 암팡지게(힘차고 다부지게) 생긴 남자 갓난이를 비유적으로 이르는 말로, "떡두꺼비 같은 내 아들"이라거나 "아들 삼 형제가 모두 떡두꺼비처럼 잘도 생겼더라." 등등으로 쓴다. 또 집안의 재산을 늘려준다는 두꺼비를 '업두꺼비'라 하는 것으로 보아 두꺼비는 이래저래 알아주고, 대접받는 동물이렷다.

두꺼비 꽁지 같다 / 두꺼비 꽁지만 하다 너무 작아 마치 없는 것과 진배(다름) 없음을 이르는 말. 두꺼비나 개구리의 새끼 올챙이는 자라면서 꼬리는 몸에 흡수(빨려듦)되고 아주 작은 흔적(자국)만 남는다.

두꺼비 엎디는 뜻은 덮치자는 뜻이라 북한어로, 어떤 큰일을 하기 위해서는 준비가 필요하다는 말.

두꺼비 파리 잡아먹듯 음식을 허겁지겁(허둥지둥) 서둘러 먹어 치우는 것을 빗대어 이르는 말.

두꺼비씨름 누가 질지 누가 이길지 힘이 비슷하여 서로 다투어도 이기고 짐이 결정 나기 쉽지 않다는 말.

애꿎은 두꺼비 돌에 맞다 남의 싸움에 관계없는 사람이 억울하게 손해를 본다는 말.

애매한 두꺼비(거북이) 돌에 치였다 아무런 죄도 없는 두꺼비가 돌 밑에 들어가 있다가 치여 죽게 되었다는 뜻으로, 애매하게 화를 당하거나 벌을 받아 억울하게 되었음을 이르는 말.

의뭉한 두꺼비 옛말 한다 의뭉한(엉큼한) 사람이 남의 말이나 옛말을 끌어다가 자기가 하고 싶은 말을 한다는 말.

자라

거북과 가장 큰 차이는?

자라(별, 鼈, soft-shelled turtle)는 자라과에 드는 민물 파충류로 몸길이는 30센티미터쯤 된다. 모양이 거북(turtle)과 비슷하나 큰 차이가 있다면 등딱지의 중앙만 단단하고, 다른 부분은 부드러운 껍질(soft-shelled)로 덮였다. 다시 말해서 자라 등딱지는 둥글넓적한 것이 그리 딱딱하지 않은 편이다. 한국에는 1종이 서식(자리 잡고 삶)하고 있다.

자라는 주둥이 끝이 가늘게 돌출(불거짐)하였고, 목과 코는 긴 관 모양이며, 공기호흡(허파호흡)을 하는지라 가끔씩 목을 공기 중으로 쭉 뽑아 올려 숨을 쉰다. 또 머리와 목을 등딱지 안으로 움츠려 쏙 집어넣을 수 있어 "자라목 움츠리듯 한다." 하고, 따라서 "자라 고기를 먹으면 몸이 움츠러진다."는 말이 생겼다. 그리고 요새도 몸보신한다고 자라탕(별탕)을 먹는데 자라탕은 자라를 통째로 푹 삶아서 뜯고, 여기에 갖은 양념을 하여 다시 끓인 국으로 자라는 등딱지와 발톱을 빼고는 모두 먹을 수 있다. 물론 식용 자라는 대부분 양식되고 있다 한다.

암컷 덩치가 수컷보다 훨씬 크고, 턱의 이가 날카로워 깨무는 힘이 세며, 다리는 굵고 짧다. 발가락 사이엔 물갈퀴가 있어서 강이나 연못 바닥의 진흙에 잘 숨는다. 5~7월에 물가 모래땅에 구덩이를 파고 17~28개의 알을 낳는다.

자라와 비슷하면서 자라보다 몸집이 작은 '남생이'가 강물에 함께 산다. 남생이는 남생이과의 파충류로 물과 땅에 걸쳐 생활한다. 남생이 등딱지는 진한 갈색으로 6각형의 여러 딱지(판때기)로 이뤄

여러 방향에서 본 자라의 모습

남생이

붉은귀거북

지며, 꼬리가 길어서 등짝의 거의 반이나 된다. 8월에 물가 모래나 흙 속에 구렁(구덩이)을 파서 4~6개의 알을 낳는다. 마찬가지로 남획(마구 잡음), 오염 탓으로 퍽 개체 수가 줄었고 천연기념물 제453호로 지정되어 보호 받고 있다.

그런가 하면 뺨에 붉은색 점이 있는 '붉은귀거북'이 있으니 '청거북'이라고도 하고, 역시 민물에 사는 자라나 남생이와 흡사한(비슷한) 종이다. 미국 남부 원산(동식물이 맨 처음 나거나 자람)의 애완용으로 전 세계에 퍼졌는데 우리나라에는 애완용 말고도 절에서 방생(사람에게 잡힌 생물을 놓아주는 일)하느라 강에 풀어준 것이 생태계(일정한 환경 안에 사는 생물과 그 생물들에 미치는 여러 환경요인을 포함한 복합한 체계)를 매우 어지럽히고 있다. 다행히 지금은 수입금지품목으로 정해졌다고 한다. 진작(진즉) 그럴 것이지.

백모래밭에 금자라 걸음 맵시를 한껏 내고 아양을 부리며 아장아장 걷는 여자의 걸음걸이.

산 진 거북이요 돌 진 자라(가재)라 거북이와 자라 또는 가재가 산과 돌을 각각 지었다(등에 얹음)는 뜻으로, 의지하고 있는 세력(힘)이 매우 든든함을 빗대어 이르는 말.

자라 보고 놀란 가슴 소댕(솥뚜껑) 보고 놀란다 / 더위 먹은 소 달만 보아도 헐떡인다 / 뜨거운 물에 덴 놈 숭늉 보고도 놀란다 / 불에 놀란 놈이 부지깽이만 보아도 놀란다 무엇에 더럭(갑자기) 되게 놀라면 그와 비슷한 것만 보아도 화들짝 놀란다는 뜻으로, 자라는 소댕꼭지(손잡이)만 없을 뿐 쇠뚜껑(솥뚜껑)을 꼭 닮았기에 하는 말.

자라 알 바라듯(바라보듯 / 들여다보듯) 자식이나 재물(값나가는 물건) 따위를 다른 곳에 두고 잊지 못하여 늘 생각함을 빗대어 이르는 말.

자라목 오그라들 듯 미안하거나 부끄러워 목이 움츠러드는 모양을 빗대어 이르는 말. 컴퓨터나 스마트폰 때문에 거북처럼 목이 잘못 구부러지는 증상(증세)을 '거북목증후군(turtle neck syndrome)'이라 하는데 '자라목증후군'이라 해도 무방하다(거리낄 것이 없다).

자라목이 되다 기세(기운) 따위가 움츠러들어 작아지다.

거북

100년을 넘게 살아도 몸의 기능이 떨어지지 않는다?

거북(귀, 龜, turtle)은 거북과의 파충류를 총칭(전부를 한데 모아 두루 일컬음)하며, 통상적으로(보통) '거북이'라 한다. 우리나라에 사는 파충류는 모두 모아봤자 바다거북과의 바다거북, 장수거북과의 장수거북, 남생이과의 남생이, 자라과의 자라 등 고작(기껏해야) 4종이다. 여름은 고온에 한발(가뭄)이 심하고, 겨울은 모질게 추운지라 척추동물 중에서도 양서류와 파충류의 종수(종류)가 무척이나 적은 편이다.

거북은 땅에 사는 육지거북과 바다거북으로 나뉘고, 영어로 바다거북을 'turtle', 육지거북을 'tortoise'로 달리 쓴다. 다음은 거북류의 공동 특징이다.

거북류는 이빨이 없으며, 초롱초롱한 눈엔 눈꺼풀(눈까풀)이 있다. 둥그스름한 딱지의 등 쪽은 푸른색 바탕에 회갈색(회색빛을 띤 갈색) 또는 암갈색(어두운 갈색)을 띠고 있다. 딱지의 겉은 피부가 변한 것이고, 딱지는 60여 개의 척추와 늑골(갈비뼈)로 되어 있다. 거북의 등껍질을 상갑, 배 껍질을 하갑이라 하는데 둘은 야문 인대로 이어져 있다. 무엇보다 거북이들은 이런 철옹(쇠로 만든 독) 같은 딱지(집)를 지고, 안고 있어서 행동(움직임)은 재빠르지 못해도 여느 동물보다 안전하다 하겠다.

육지거북은 네 다리가 매우 짧아 아주 천천히 움직인다. 그래서 싸움에서 벌러덩 뒤집어엎어진 놈은 몸을 다시 뒤집지 못하고 발버둥(몸부림)을 치다가 죽고 만다지. 또 육지거북으로는 갈라파고스코끼리거북이 유명한데 갈라파고스제도에만 서식하는 멸종위기종이다.

갈라파고스코끼리거북

바다거북은 주로 물에서 지내지만 공기호흡(허파호흡)을 하기에 가끔 물 위로 올라와야 한다. 발가락은 융합(하나로 합쳐짐)하여 헤엄치는 지느러미발이 되었다. 그리고 바다거북은 물에 살아도 산란(알 낳기)은 반드시 땅에 하고, 알을 모래나 진흙 구덩이에 낳아 덮어 두며, 알은 70~120일 뒤에 깨인다.

또한 몇몇 동물이 그러하듯 부화(알까기)하면서 암수가 정해지는데 흙 속(알이 받는) 온도가 섭씨 29.5도보다 높으면 거의 암컷(♀)이 되고, 28도보다 낮으면 대부분 수컷(♂)이 된다. 발생하는 동안 온도에 따라 성(암수)이 결정되는 것에는 굴(석화)이나 바닷물고기에 특히 많다.

바다거북의 수명은 물경(놀랍게도) 150년 안팎이고, 100년을 넘게 살아도 간·허파·콩팥 등의 오장육부(五臟六腑, 내장을 통틀어 이름)가 망가지거나 성능(기능)이 떨어지지 않는다고 한다. "늙은 거북은 없다"는 말이다! 그래서 학자들은 거북의 장수 유전자 연구에 몰두(열중)하고 있다 한다.

실재(존재)하는 거북류는 오래 산다는 뜻에서 상상(가상) 동물인 기린·봉황·용과 함께 사령(전설상의 네 가지 신령한 동물)의 하나로 상서로운(복되고 길한) 동물로 친다. 또 중국 초기 문자인 갑골문자(거북의 등딱지나 짐승의 뼈에 새긴 상형문자)에도 귀갑(거북 등딱지)이 쓰였다. 귀갑은 말려서 치장(장식)으로 걸어두고, 재물(돈이나 그 밖의 값나가는 모든 물건) 들어오라고 순금 거북이를 장롱에 보관한다.

거북의 털(터럭) 거북은 털이 없다는 점에서, 도저히 얻을 수 없는 물건을 이르는 말.

거북이도 제 살던 바윗돌을 떠나면 오래 살지 못한다 장수하기로 유명(널리 알려진)한 거북이도 제가 살던 곳을 떠나면 오래 살지 못한다는 뜻으로, 사람은 제가 나서 자란 고향 땅을 등지면(멀리하면) 제명대로(타고난 목숨대로) 살기가 힘듦을 이르는 말.

다리 부러진 거부기 같다 북한어로, 가뜩이나 느린데 다리까지 부러져 더 굼뜨게(느리게) 기어가는 거부기(거북이의 북한어) 같다는 말. 동작(몸놀림)이 몹시 느리다는 뜻이다.

애매한 거북이(두꺼비) 돌에 치였다 아무런 죄도 없는 거북이가 돌 밑에 들어가 있다가 치여 죽게 되었다는 뜻으로, 애매하게 화를 당하거나 벌을 받아 억울하게 되었다는 말.

거북을 타다 동작(몸짓)이 남보다 매우 더디다.

거북이 잔등의 털을 긁는다 털이 나지 않은, 반드럽고 딱딱한 거북 등에서 털을 긁어모은다는 뜻으로, 아무래도 얻지 못할 것이 번(뻔)한 것을 애써 구해보려는 어리석은 행동을 이르는 말.

뱀

도마뱀까지 합쳐 우리나라에는 겨우 16종만 산다고?

뱀(사, 蛇, snake)은 거북·악어 등과 같이 파충류의 한 무리로 세계적으로 2900종이나 된다. 뱀에는 도마뱀도 속하는데 우리나라에는 대륙유혈목이·유혈목이·비바리뱀·실뱀·능구렁이·구렁이·누룩뱀·무자치·살모사·까치살모사 등 11종의 뱀과 아무르장지뱀·줄장지뱀·표범장지뱀·장지뱀·도마뱀 등 5종의 도마뱀을 모두 합쳐 고작(겨우) 16종의 뱀이 산다. 대부분의 뱀은 난생(卵生, 알을 낳아 번식함)을 하지만, 살모사(살무사)들은 난태생(卵胎生)을 하니 어미 뱃속에서 알이 까여 어린 새끼로 태어난다.

뱀은 1년에 두세 번 탈피(허물벗기)하여 몸집을 늘리는데 머리에서 시작하여 꼬리까지 잇따라 벗으며, 개켜놓은(개놓은) 스타킹(여성용 양말) 같은 허물을 남긴다. 그런데 탈피하는 동물은 곤충 유생들이 대부분이지만, 뱀도 마찬가지로 겉껍질이 단단하여 그것을 벗어버려야 덩치를 불릴 수 있다. 그렇다. 모름지기 누구나, 언제나 바뀌

유혈목이

고 또 바뀌어야 한다. 꾸준히 변태(變態, 탈바꿈), 탈피하지 않고는 생장·발전·진화할 수 없다. 진화(進化, 점점 발달하여 감)란 곧 변화(바뀜)인 것!

세로로 짜개진 뱀 눈동자(녹색맘바뱀)

뱀은 밤에 활동하는 야행성이라 고양이처럼 동공(눈동자)이 세로로 짜개졌다. 두 허파 중에서 왼쪽 것은 퇴화(단순화되고 감소됨)하여 오른쪽 것만 활동하고, 척추골(등뼈)이 자그마치 200~400여 개로 자잘한 탓에 빙빙 똬리를 틀 수 있다. 외지고 으슥한 곳에 머물며, 정오 무렵 기온이 오르면 떼거리로 나와 너럭바위 위에 너부죽이 엎드려 따사로운 볕살(햇볕의 따뜻한 기운)을 쬐고, 체온이 오르면 활동을 시작한다. 뱀만 그런 게 아니고 변온동물(체온을 조절하는 능력이 없어서 바깥 온도에 따라 체온이 변하는 동물)은 죄다 그렇다. 참고로 정온동물(온혈동물)은 날짐승(조류)과 길짐승(포유류)뿐이고, 나머지는 모두 변온동물(냉혈동물)이다.

살모사 같은 독뱀은 하나같이 머리가 삼각형에 가깝고, 독니로 찔러 먹잇감을 산 채로 잡아먹지만 독 없는 뱀은 먹이를 깨물지 않고 똬리를 틀어 질식(숨통이 막힘)시켜 죽인다. 그리고 뱀이 일부러 사람을 따라와 물어뜯는 일은 없다. 기척(낌소리)도 없이 꼭꼭 숨었는데도 사람이 영문(까닭)도 모르고 자기방어영역 안에 들어오면 안절부절못하고 정당방위(부당한 침해를 막기 위하여 침해자에게 어쩔 수 없이 취하는 공격 행위)로 버럭 달려들 따름이다.

곧기가 뱀의 창자 같다 북한어로, 지나치게 고지식하고(성질이 외곬으로 곧음) 융통성(그때그때 형편을 보아 일을 처리하는 재주)이 없음을 빗대어 이르는 말.

굴에 든 뱀 길이를 알 수 없다 남의 숨은 재주는 알 수가 없다는 말.

댓진 먹은 뱀 같다 뱀이 담뱃대에 엉긴 담뱃진을 먹으면 즉사(직사)한다는 데서, 이미 운명(목숨)이 결정된 사람임을 빗대어 이르는 말.

독사 아가리에 손가락을 넣는다 매우 위험한 짓을 한다는 말.

독사는 허물을 벗어도 독사다 아무리 변색(빛깔을 바꿈)을 하여도 본색(본성)은 변하지 않음을 이르는 말.

돌담 구멍에 독사 주둥이 어떤 것이 흔하게 여기저기 많이 끼어 있음을 이르는 말.

뱀 본 새 짖어대듯 몹시 시끄럽게 떠드는 모양을 빗대어 이르는 말.

뱀을 그리고 발까지 단다 쓸데없는 것(사족, 蛇足)을 덧붙여서 오히려 못쓰게 만든다는 말.

뱀을 보다(잡다) 사람을 잘못 대하다가 크게 봉변(망신스러운 일)을 당하다.

뱀이 용 되어 큰소리 한다 변변찮거나 하찮은 사람이 신분(위치나 계급)이 귀하게 되어 아니꼽게도 큰소리를 친다는 말.

안 본 용은 그려도 본 뱀은 못 그린다 어떤 일에 대하여 추상적(뚜렷하지 못하고 어렴풋함)으로 말하기는 쉬우나 실제로 하기는 어렵다는 말.

허리춤에서 뱀 집어 던지듯 끔찍스럽게 여겨 다시는 보지 아니할 듯이 내팽개침을 빗대어 이르는 말.

사족(蛇足) 뱀의 발이라는 뜻으로, 뱀을 다 그리고 나서 있지도 아니한 발을 군더더기로 덧붙여 그려넣는다는 말. 화사첨족(畫蛇添足)의 준말이다. 군짓(쓸데없는 행동)을 하여 되레(도리어) 잘못되게 함을 비유하여 이르는 말이다.

용두사미(龍頭蛇尾) 용의 머리와 뱀의 꼬리라는 뜻으로, 처음은 왕성(기운참)하나 끝이 부진함(활발하지 못함)을 이르는 말.

꿩

꿩! 꿩! 소리 나게 우는 데는 이유가 있다!

우리나라 텃새인 꿩(치, 雉, pheasant)은 꿩과에 속하고, 생김새가 닭을 닮았으며, 암컷을 까투리, 수컷을 장끼, 새끼를 꺼병이라 부른다. 어쨌거나 허우대만 크고 엉성해 보이는 사람을 꺼병이(꺼벙이)라 부른다. 그리고 암탉과 수꿩 사이에서 종간잡종(두 종 사이에 생긴 잡종)인 '꿩닭'이 생겨난다.

장끼는 눈부시게 현란하고 우람한 것이, 천하의 멋쟁이로 세계적으로 인기를 끌기에 박제(가죽을 곱게 벗기고 썩지 않도록 한 뒤에 솜이나 대팻밥 따위를 넣어 살아 있을 때와 같은 모양으로 만듦)된 후 밀거래(몰래 사고 팖)될 정도다.

목이 푸른색이며, 그 아래에 흰 띠가 있고, 옆구리는 황금색에 흑색 반점이 퍼져 있다. 또 진홍색(진빨강)의 육수(목 부분에 넓적하게 늘어진 붉은 피부)를 갖고 있으며, 꽁지깃은 18장으로 중앙의 한 쌍이 특히 길다. 아무튼 꿩 깃을 무당의 모자에 꽂아 신의 기운을 받는 매개체(둘 사이에서 어떤 일을 맺어주는 것)로 사용하였고, 옛날 어르신들은 멋 내느라 중절모(우묵 모자)에 역시 깃털을 즐겨 꼽았다.

장끼(꿩 수컷)

까투리(꿩 암컷)

그런데 날짐승이나 길짐승의 수컷들은 암컷보다 더할 나위 없이 늠름하고, 덩치가 크며, 호사스럽고, 노래나 춤도 앞선다. 이는 짝을 선택하는 것은 예외 없이(틀림없이) 암컷에게 달렸기에 수컷들은 하나같이 암컷 눈에 들려고 멋들어지게 진화했던 것이다.

꿩들은 흔히 야산 자락의 덤불에 사는데 산란철이 되면 수컷은 땅이 쩡쩡 울리게 꿩! 꿩! 시끌벅적, 동네가 떠날 만큼 기운차게 소리를 낸다. 텃세하느라 이 골짝 저 골짝에서 번갈아가며 힘겨루기 소리를 내지른다. 보통 수컷 한 마리가 암컷 네댓(넷이나 다섯쯤 되는 수) 마리를 거느리고 사는 일부다처(한 수놈에게 여러 암컷이 있음)로 장끼는 자나 깨나, 한눈팔지 않고 암컷을 살피고 지킨다. 그리고 찔레 열매나 풀씨, 곡식 낟알뿐만 아니라 메뚜기·개미·거미·지네·달팽이 따위를 먹는다.

한편 "시치미 떼다"란 말이 있다. 시치미란 사냥매의 주인을 밝히기 위하여 주소와 이름을 적어 매의 꽁지 속에다 매어둔 네모꼴의 뿔로 된 꼬리표로 주인 이름표이다. 예전에는 매사냥이 널리 퍼져 있었기에 남의 매를 훔쳐 슬쩍 시치미를 떼어버리고 이름을 바꿔 다는 수가 흔했다고 한다. 그래서 "시치미(를) 떼다(따다)"란 자기가 하고도 하지 아니한 체하거나 알고 있으면서도 모르는 체, 또 겸연쩍은 일을 해놓고 모른 척하는 것을 이른다. "정말 그렇게 딱 잡아뗄 거야?"라고 할 때 "잡아떼다"도 "시치미를 잡아떼다"에서 '시치미'가 생략(일부를 줄이거나 뺌)된 말이다.

꿩 구워 먹은 소식 소식이 전혀 없음을 뜻하는 말. 음식이 귀하던 시절에 꿩고기는 특별하고, 또 양도 적다 보니 나눠 먹을 여유(넉넉하여 남음)가 없었기에 꿩고기가 생기는 날이면 아무에게도 연락 않고 소리 소문도 없이(드러남이 없이 슬그머니) 끼리만 먹었던 것에서 생긴 말일 터다.

꿩 구워 먹은 자리 어떠한 일의 흔적(자국)이 전혀(아주) 없음을 이르는 말.

꿩 놓친 매 애써 잡았다가 놓치고 나서 분해(섭섭하고 안타까워)하는 모습을 이르는 말.

꿩 대신 닭 알맞은 것이 없을 때 그와 비슷한 것으로 대신한다는 말.

꿩 먹고 알 먹기/꿩 먹고 알 먹고 둥지 털어 불 땐다 한 가지 일로 여러 이익을 보게 되다.

꿩 새끼 제 길로 찾아든다 어린 꿩을 잡아다 우리 안에 가둬 키워도 야성(본능 그대로의 거친 성질)을 좀처럼(여간하여) 잃지 않듯, 남의 자식을 애써 키워봤자 끝내는 낳아준 어미를 찾아간다는 말.

꿩 잃고 매 잃는 셈 하려던 일은 못 하고 오히려 손해만 본다는 말.

꿩 잡는 것이 매다 방법이 어떻든 간에 뜻을 이루는 것이 가장 중요하다는 말.

꿩은 머리만 풀에 감춘다 다급(매우 급함)하게 된 꿩이 몸을 숨긴다는 것이 겨우 머리만 풀 속에 묻는다는 뜻으로, 몸을 완전히 숨기지 못하고 숨었다고 안심하다가 발각(숨기던 것이 드러남)됨을 빗대어 이르는 말.

매를 꿩으로 보다 사나운 사람을 순한 사람으로 잘못 보다.

털 뜯은 꿩 앙상하고 볼품없는 모양을 이르는 말.

원앙

멸종할지도 모를 위기의 부부 새

원앙새(원앙, 鴛鴦, mandarin duck)는 기러기목, 오리과의 새로 원앙이라 부른다. 영어 이름인 '만다린 덕(mandarin duck)'의 만다린은 옛날 중국의 고급 관리를 이르는 말로 그들의 화려한 꾸밈새를 은유적으로 표현하고 있으며, 이는 수컷의 화려함과 관련이 있다. 덕은 오리란 뜻이다.

아무튼 오리 무리는 다른 새들에 비해 일부일처(한 남편이 한 아내만 두는 혼인 제도)를 잘 지키니, 한번 짝을 맺은 원앙 부부 또한 별 탈 없이 한평생을 다정하게 지낸다. 특히 우리나라에서 원앙새는 가정의 평화, 배우자에 대한 신의(믿음), 다산(아이를 많이 낳음)을 상징하는 새로 치기(여기기) 때문에 나무로 깎은 암수 원앙새를 결혼 선물로 주기도 한다. '잉꼬부부'란 사이좋은 짝을 뜻하는데 '잉꼬'란 앵무새를 이르는 일본말이고, 우리는 '사랑 새'라 부른다. 마땅히 '국어 사랑 나라 사랑'을 잊지 말자!

'새 중의 새'라 불러도 손색없는(다른 것과 견주어 못한 점이 없는) 원앙새는 몸길이 41~49센티미터, 날개 길이 65~75센티미터로 중

원앙 한 쌍. 오른쪽이 수컷이다.

간 크기의 새다. 알다시피 조류(새)는 수놈들이 더 예쁘다. 특별히 원앙 수컷은 몸 빛깔이 고아(품격 따위가 높고 우아함)하고 단아(단정하고 말끔함)하며, 찬란하고 화려하다. 멋지게 생긴, 건강한 유전자를 가진 수놈이라야 암컷을 여럿 차지하여 씨(유전인자)를 더 많이 퍼뜨린다.

수컷은 부리가 새빨갛고(암컷은 회갈색임), 머리댕기가 늘어졌으며, 크고 또렷한 검은 눈알 둘레에 흰 테가 있다. 그리고 목 옆면의 오렌지색 깃털(수염 깃)과 위로 치올라 간, 부채꼴의 너부죽한 은행잎 닮은 날개깃털('은행잎 깃')이 어우러져 천연스런(자연스런) 기품(고상한 품격)이 정녕 눈부시다. 산란기에는 더욱더 찬란해지니 곱게 꾸민 그 아름다움을 어찌 필설(붓과 혀라는 뜻으로, 글과 말을 이름)로 다 그려내겠는가.

원앙새는 전국의 산골짜기에 흐르는 시냇물에 서식하는(자리 잡고 삶) 텃새로 4~8마리가 모여 활엽수(넓은잎나무)가 울창하게 자란 숲속, 깨끗한 연못 둥지에서 생활한다. 밤에는 나뭇가지(횃대)에서 지내지만 낮에는 땅이나 물에서 지낸다. 이른 새벽녘과 해질 무렵에 먹을거리를 찾는데(도토리를 가장 좋아함) 봄여름엔 다슬기·잔민물고기·곤충·새끼 뱀을 잡아먹지만 가을겨울에는 나무 열매·풀뿌리·씨앗 등을 먹는다.

4월 하순부터 7월에 걸쳐 강가의 구새통(속이 썩어서 구멍이 생긴 통나무)이나 커다란 나뭇등걸(나무를 베어내고 남은 밑동) 아래에서 새끼를 친다. 한배에 9~12개의 알을 낳아 28~30일 동안 암컷이 품고, 수컷은 둥지를 애써 지킨다. 다 자란 소담스런 어린 새끼들이 줄줄이 잔잔한 물 위로 날아들어 어미 뒤를 따른다. 할금할금 사방을 흘겨보면서 헤엄쳐 나가는 모습이 얼마나 자연스럽고 평화로운지…….

너구리·수달·올빼미·뱀 따위가 원앙의 천적이지만 박제(동물 가죽을 벗겨 솜이나 대팻밥 따위를 넣어 살아 있을 때와 같은 모양으로 만듦)해서 팔아먹으려는 밀렵꾼(허가를 받지 않고 몰래 사냥하는 사람)이

최고로 위험한 천적이렷다. 이렇게 멸종위기에 처한지라 부랴부랴 서둘러 천연기념물 제327호로 지정하여 보살피고 있다. 동아시아(한국·일본 본토·중국 동부)에만 서식하고, 중국 동남부나 일본 남단에서 월동한다.

멸종(생물의 한 종류가 아주 없어짐)을 눈앞에 둔 침팬지도 종족 보존에 여러 문제가 도사리고 있다 한다. 자연 상태에서는 암놈이 여러 마리 수컷과 교접(짝짓기)하여 서로 다른 유전형질을 가진 새끼를 낳으므로 종족을 이어가는데, 동물원에서는 동종 교배(근친 교배)로 오롯이 같은 형질을 가진 새끼들만 태어나기 때문에 돌림병이 돌거나 예상 못 한 환경 변화가 일어나는 날에는 자칫 떼죽음을 당하는 수가 있다. 자연에 사는 원앙 암놈은 서슴없이 여러 수놈과 짝짓기하여 여러 형질을 가진 튼튼한 새끼를 얻는다고 한다.

녹수 갈 제 원앙 가듯 남녀 둘의 관계가 가까워서 서로 떨어지지 않음을 빗대어 이르는 말. 녹수란 푸른 물을 뜻한다.

원앙오리 한 쌍이라 / 의좋은 원앙오리 같다 북한어로, 금실(부부간의 사랑) 좋은 원앙처럼 남녀가 부부가 됨을 빗대어 이르는 말.

원앙이 녹수를 만났다 좋은 배필(배우자)을 만났다는 말.

짝 잃은 원앙 홀아비나 홀어미의 외로운 신세를 이르는 말.

기러기

왜 한쪽 다리로 서서 잘까?

기러기(안, 雁, wild goose)는 기러기목, 오리과에 속하는 겨울철새(겨울을 한국에서 나는 새)로 한자어로는 안(雁), 홍(鴻) 또는 홍안(鴻雁)이라 하고, 아득히 먼 곳을 오가는 새이기에 멀리서 소식을 전하는 편지를 '안서(雁書)'라 한다. 우리나라 기러기속(屬)에는 '큰기러기' 말고도 몸집이 큰기러기보다 크고 부리가 세장(가늘고 긴)한 '큰부리큰기러기'와 보다 작은 '쇠기러기(우리말 이름에 붙는 '쇠'는 '작음'을 뜻함), 털이 하얀 '흰기러기', 앞이마에 흰색 띠가 있는 '개리' 등 일가뻘 되는(같은 속의) 것들이 5종이 있다.

큰부리큰기러기

큰기러기는 평균하여 몸길이 83센티미터 안팎이고, 몸무게는 수컷이 3.2킬로그램, 암컷은 2.84킬로그램이다. 암수 모두 흑갈색이고, 부리는 검정색이나 끝에 노란색 띠가 있으며, 발은 귤(오렌지) 색이다. 쇠기러기 다음으로 흔한 군서(무리) 동물로 쉴 때도 열의 손실(축남)을 줄이느라 한쪽 다리로 서고, 머리는 뒤로 돌려 깃에 파묻는다. 또한 무리가 잠자는 사이에도 한두 마리는 늘 깨어 있어 둘레를 살핀다.

"기러기 가면 제비 오고 제비 오면 기러기 간다."고 10월 하순경에 와서 겨울을 지내고, 이듬해 3월에 북으로 떠난다. 공중을 날 때는 경험 많은 길잡이 기러기가 선두(맨 앞)에서 무리를 이끈다. V자 모양으로 생긴 줄의 앞자리에 선 길라잡이(앞잡이)는 공기저항(공기에서 받는 힘)을 많이 받기에 뒤의 것들과 짬짬이(틈틈이) 자리바꿈을 한다. 쇼트트랙(스피드스케이트경기)에서도 앞장서면 힘들기에 될 수 있는 한 공기저항을 덜 받는 뒷자리나 사이에 끼어서 한참을 달리다가 이때다 싶으면 앞으로 박차고 나가 치닫는 것도 같은 이치다.

큰기러기는 여름에 유라시아 북부·시베리아·툰드라지대에서 번식(새끼치기)하는데 한배에 4~5개의 새하얀 알을 낳아 25~30일쯤 암컷이 품고, 수컷은 둥지 주변을 지킨다. 우리나라에서는 겨울 보리나 밀 잎사귀·버려진 곡식 낟알·지푸라기 벼 이삭·잡초 씨 따위를 먹는다. 서산·금강·낙동강·주남저수지 등의 하구(河口, 강어귀)나 농지, 갯벌 등 앞이 탁 트인 곳에서 지낸다.

기러기 떼의 비행

오리과인 기러기는 암수 사이가 좋다 하여 전통 혼례에서는 '목안(나무로 깎은 기러기)'을 신혼부부에게 전하는 의식(행사)이 있다. 또 요새 와서는 자식 교육을 한답시고 가족이 서로 멀리 떨어져 사는 일이 다반사(차를 마시고 밥을 먹는 일이라는 뜻으로, '예삿일'을 이름)라 '기러기아빠'란 말이 생겨났다.

그리고 바로 읽으나 거꾸로 읽으나 뜻이 같은 단어나 문장을 회문(回文)이라 하는데 기러기·토마토·실험실·다시마·기름기·일요일·아시아·스위스·madam 따위의 낱말이나 여보안경안보여, 다시합창합시다, 아좋다좋아 등 여러 글귀가 있다.

거위

개리

그렇다면 기러기(wild goose)와 거위(goose)는 어떤 관계인가? 그렇다. 야생(wild) 기러기(goose)를 길들이고 개량(좋게 고침)한 것이 거위다. 일테면('이를테면'의 준말) 심상찮은 사람이 나타나면 주눅 들게끔 모가지를 길게 빼고는 꽥꽥거리면서 버럭버럭 달려드는 그 거위가 바로 기러기렷다! 거위 중에서 유럽계는 '회색기러기'를, 중국계는 '개리'를 개량한 것이다. 야생 청둥오리를 길들여 개량한 것이 집오리인 것은 많이 알려져 있다.

공중에 나는 기러기도 길잡이는 한 놈이 한다 무슨 일을 하든지 오직 한 사람의 지휘자(지도자)가 이끌고 나가야 한다는 말.

기러기 한평생 철새처럼 떠돌아다녀 고생이 끝이 없는 일생(한살이)을 이르는 말.

기러기는 백 년 수 한다 천한 새도 그만큼 오래 사니 얕보고 함부로 굴면 안 된다는 말.

물 본 기러기 꽃 본 나비 뜻하던(바라던) 바를 이루어 득의양양(우쭐거리며 뽐냄)한 모습을 이르는 말.

물 본 기러기 어옹을 두려워하랴 물을 보고 좋아서 정신없이 날뛰는 기러기가 어옹(고기 잡는 노인)이 있는 것을 두려워할 리 없다는 뜻으로, 좋은 일을 만난 김에 앞뒤를 생각하지 않고 하는 행동을 이르는 말.

물 없는 기러기 / 날개 없는 봉황 쓸모없고 보람(즐거움) 없게 된 처지를 이르는 말.

어미 본 아기 물 본 기러기 언제 만나도 좋은 사람을 보고 기뻐하는 모습을 이르는 말.

짝 잃은 기러기 홀아비나 홀어미의 외로운 신세를 이르는 말.

짝사랑에 외기러기 혼자서만 사랑하여서는 아무 소용이 없다는 말.

참새 그물에 기러기 걸린다 / 새 망에 기러기 걸린다 정작 노력하는 일은 되지 않고 다른 일이 된 경우를 이르는 말.

오리

청둥오리와 집오리의 관계는?

우리나라에 사는 오리(압, 鴨, duck)에는 청둥오리(집오리)·가창오리·쇠오리·흰빰검둥오리 등 10여 종이 된다. '청둥오리'를 길들인 '집오리'는 세계적으로 25품종 넘게 개량되어 곳곳에서 사육되고 있다. 그 가운데 '베이징(북경)종'은 대형이라 수컷이 자그마치 4킬로그램이나 되는데, 이것을 북경 전통 방식으로 훈제하여 먹는 요리를 '북경오리(Pecking Duck)'라 한다.

청둥오리 한 쌍. 앞쪽이 수컷이다.

집오리

여기서는 주로 청둥오리 이야기를 하려 한다. 청둥오리는 우리나라에 날아오는 오리 중 가장 흔한 겨울철새이고, 함께 무리를 이루어 집오리와 번식(새끼치기)도 한다. 다른 새들처럼 수컷이 크고 예쁘며, 몸길이 56~65센티미터, 무게 0.9~1.2킬로그램이다. 수컷의 머리는 진한 광택 나는 녹색이고, 흰색의 가는 목테를 둘렀으며, 날개와 가슴은 짙은 갈색이다. 암컷은 전신이 갈색이다.

아주 짧은 다리로 기우뚱거리며 걷고, 고개를 주억거리며 꽥! 꽥! 입체감 나는 소리를 내지른다. 오리의 넓적부리(주둥이)는 누르스름하고 납작한 것이 길게 삐져나와 있어 그것으로 개울을 발칵 뒤집어놓는다. 게걸스럽게 아무거나 잘 먹는 잡식성으로 사방을 헤집고 다니면서 다슬기나 수서곤충, 민물새우나 물벌레 같은 것과 풀잎이나 줄기, 뿌리를 질겅거리며(씹으며) 먹는다. 이들에게는 낟알도 중요한 먹잇감이다. 발에는 물갈퀴가 있으니 잠수부들의 잠수용 물갈퀴도 오리발을 흉내 낸 것이다.

주로 호수·연못·간척지·들판·만(바다가 육지 속으로 파고들어 와 있는 곳)에서 매서운 겨울을 나는데, 북쪽에서 번식하는 종들은 낯설고 물선 남쪽에서 월동(겨울나기)하지만 온대와 열대의 것들은 거기에 늘 사는 텃새다.

앙바틈한(짤막하고 딱 바라진) 오리처럼 되뚱(뒤뚱)거리며 옴직옴직(몸을 작게 자꾸 움직임) 걷거나, 쭈그리고 앉아서 걷는 걸음걸이를 '오리걸음'이라 하며, 봉긋한(도도록하게 나오거나 소복하게 솟음) 엉덩이를 '오리엉덩이'이라 한다. 또 "오리고기 잘못 먹으면 아이 손가락이 붙는다."는 속설(속된 이야기) 탓에 임신부에게는 오리고기나 오리알은 금기(하지 않거나 피함) 음식이다. 오리발처럼 갓난이 손발가락이 오리 물갈퀴 닮은 합지증(손발가락붙음증)이 있어 그런다는 것이다.

돌연변이로 생기는 이 병은 여자아이보다 남자아이에게 흔하고, 양손의 중지(가운뎃손가락)와 약지(넷째손가락) 사이에 가장 많이 생기며, 발가락에도 생긴다. 그러나 실제로 오리고기는 합지증과 아무런 관련이 없다. 사람 몸에서 오리 단백질이 소화되어 다시 사람 단백질로(아미노산 순으로) 바뀌기에 말이다.

다른 물새처럼 청둥오리도 꼬리에 불거져 있는 지방 분비선에 나는 기름을 깃털에 부리로 바르니 몸에 물이 스며들지 못한다. 그뿐 아니라 깃털 아래에 부드럽고 보풀보풀한 솜털이 있어서 그 사이에 절연체(열을 잘 전달하지 아니하는 물체)인 공기를 가두어 몸을 따뜻하게 보온한다. 오리는 세계적으로 닭 다음으로 많이 소비되는데 알과 살코기는 먹고, 솜털(다운, down)은 방한복에 쓰이니 어느 하나 버릴 게 없다.

낙동강 오리알 무리에서 떨어져 나오거나 홀로 소외되어 처량하게 된 신세를 이르는 말.

닭 잡아먹고 오리 발 내놓기 옳지 못한 일을 저질러놓고 엉뚱한 수작(짓거리)으로 속여 넘기려 함을 비꼬아 일컫는 말.

물 만난 오리걸음 물을 보고 반가워서 급히 달려가는 오리의 걸음새란 뜻으로, 갑작스레 어기적거리며 걷는 모양을 이르는 말.

새 오리 장가가면 헌 오리 나도 한다 남이 하는 대로 무턱대고 자기도 하겠다고 따라나서는 주책(줏대)없는 행동을 이르는 말.

오리 새끼는 길러놓으면 물로 가고 꿩 새끼는 산으로 간다 자식은 다 크면 제 갈 길을 택하여(골라) 부모 곁을 떠나간다는 말.

오리 제 물로 찾아간다 북한어로, 정든 곳을 그리워하며 찾아가게 마련이라는 말.

오리 홰 탄 것 같다 제가 있을 곳이 아닌 높은 홰(새장이나 닭장에 새나 닭이 올라앉게 가로질러 놓은 나무막대)에 있어 위태로운 모양이거나, 지위(자리)와 사람이 어울리지 아니함을 빗대어 이르는 말.

오리알에 제 똥 묻은 줄 모른다 / 달걀에 제 똥 묻은 격 사람이 자기 결함(흠)에는 어둡다(모름)는 말.

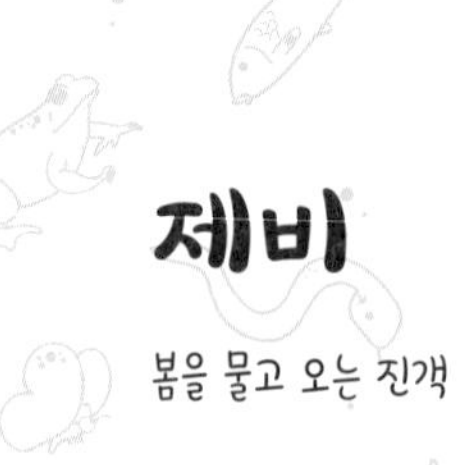

제비

봄을 물고 오는 진객

우리나라에는 제비와 귀제비가 삼월삼짇날(음력 삼월 초사흗날, 곧 음력 3월 3일)에 온다. 제비(연, 燕, swallow)는 참새목, 제비과의 여름 철새로 몸길이 18센티미터 남짓에(수컷이 암컷보다 좀 큼) 등은 푸른 빛이 도는 검정색이고, 이마와 멱(목의 앞쪽)은 어둔 적갈색이며, 배는 희다. 수컷에겐 매우 중요한 꼬랑지는 꽤나 길고 끝이 V자형으로 파였기에 암제비는 꽁지가 크고 번듯한 수컷을 짝으로 고르며, 상의(윗도리/저고리) 뒤가 두 갈래로 길게 내려와 마치 제비 꼬리처럼 보이는 서양 남성 예복(특별히 예절을 차릴 때에 입는 옷)을 연미복이라 한다. 사실 「지지배배 제비의 노래」라는 제목으로 2010년부터 여러 해 초등학교 4학년 1학기 국어 교과서(42~49쪽)에 필자의 글이 실렸던 적이 있다.

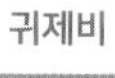
귀제비

귀제비 몸길이는 어림잡아 19센티미터로 제비보다 몸집이 조금 크고, 꽁지도 길며, 정수리가 자주색이고, 뒷목·등·어깨가 윤기 나는 자주색 바탕에 흑청색이 깔렸다. 또 제비가 인가(사람이 사는 집)의 처마에 마치 접시(보시) 모양으로 둥지를 트는 데 비해, 귀제비는 다리 밑이나 산기슭의 깎아지른 벼랑에다, 입구는 터널 모양이고 끝으로 가면서 점점 좁아지는 길쭉한 깔때기꼴의 집을 짓는다. 옛사람들은 제비가 올라치면 마당에 물을 뿌려주어 집 지을 진흙을 마련해주었다고 하니 제비를 향한 사랑을 쉽게 짐작케 한다.

제비는 봄을 물고 오는 진객(귀한 손님)이다! "제비가 둥지를 틀면 부자가 된다."거나 "명랑하고 행복한 가정에는 제비가 찾아든다."고 했겠다. 제비는 해충만 먹는 익조(이론새)로 흥부도 제비의 귀소본능(자기 서식처나 둥지로 되돌아오는 타고난 성질)을 잘 알고 있었다. 그래서 다친 다리를 싸매 줬던 흥부네 집에 알찬 박의 씨를 물어다 주었던 것. 무엇보다 흥부 이야기에는 '자연보호'와 '생명 아낌' 정신이 물씬 묻어난다.

또 "한 마리의 제비가 왔다고 해서 봄이 왔다고 할 수는 없다."란 말은 아리스토텔레스가 한 말인데 속단(지레짐작)은 금물(해서는 안 되는 일)이란 뜻이 들었다. 그리고 사람에 따라 뒤통수나 앞이마의 한가운데에 골을 따라 아래로 뾰족하게 내민 머리털이 있으니 이를 '제비초리'라 한다.

암컷 제비는 푹신한 알자리에 알을 하루 한 개씩 낳아 대여섯 개가 모이면 곧바로 포란(알 품기)에 든다. 열엿새 뒤에 털 하나 없는 벌거숭이 새끼들이 나오니 그때가 보통 유월로 벌레가 한창 득실거릴 때다. 파리·하루살이·벌·잠자리 등 날벌레들이 먹잇감이다. 제비는 1초에 7~9번 날갯짓하여 초속 11~20미터로 휙휙 날면서 날벌레뿐 아니라 담장에 붙은 것, 수면(물의 겉면)에 있는 것마저도 물수제비뜨듯(둥글고 얄팍한 돌을 물 위로 담방담방 튕겨 가게 던짐) 날쌔게 낚아챈다. 보통 제비는 두 차례 새끼를 치고, 가끔은 첫배 언니들이 두 번째 깬 동생들에게 벌레를 물어다 먹인다.

어미아비는 연신 부산하게(떠들썩하게) 먹이를 물어 온다. 쥐도 새도 모르게 납작 엎드려 있던 새끼들이 어미 소리를 듣고는 눈을 부릅뜨고 숨 가쁘게 신들린 듯 모가지를 한껏 빼 시끌벅적 짹짹거린다. 앞다퉈 주둥이를 짝짝 벌리고는 목을 바들바들 떨며 껄떡인

새끼를 돌보는 제비

제비의 비행

다. 아귀다툼이 따로 없다. 한 뱃속에서 나온 새끼도 아롱이다롱이(고르지 못하나 비슷비슷하게 아롱진 무늬나 그 무늬가 있는 것)라 했던가. 덩치가 큰 녀석들이 덥석덥석 받아먹고 더 빨리 자라 살피듬(살이 피둥피둥 찐 정도)이 좋은 것은 정한 이치다.

제비가 하늘 높이 풀풀 나날면(날아 오락가락함) 날씨가 맑고, 나지막이 날면 흐리고 비가 온다 한다. 이는 날벌레들이 고기압인 날이면 높다랗게 날고, 저기압인 날에는 낮게 날아 그런다. 그리고 제비가 일찍 오는 해는 풍년이 든다는데 이는 아마도 지난겨울이 따뜻했다는 뜻일 게다. 제비는 날씨와 계절을 알아내는 기상캐스터(기상예보관)다.

곡식에 제비 같다 제비는 곡식을 안 먹는다는 데서, 청렴(깨끗함)한 사람을 빗대어 이르는 말.

물 찬 제비 물을 차고 날아오르는 제비처럼 몸매가 아주 매끈하여 보기 좋은 사람, 또는 동작이 민첩하고 깔끔하여 보기 좋은 행동을 함을 이르는 말.

제비가 기러기의 뜻을 모른다 보통 사람은 속이 깊은 사람의 뜻을 짐작할 수 없다는 말.

제비는 작아도 강남을 간다 / 제비는 작아도 알만 낳는다 비록 제비가 몸집은 작아도 제 할 일은 다 한다는 말.

제비를 잡으니까 꽁지를 달라 한다 남이 애써 얻은 것 중에서 가장 소중한 것을 염치(얌통머리)없이 달라고 한다는 말.

까치

왜 까치가 울면 손님이 온다는 말이 생겼을까?

까치(작, 鵲, magpie)는 참새목, 까마귀과의 텃새로 까마귀보다 조금 작고 꽁지는 되레 길다. 날개 끝은 진보라색이고, 꼬리는 푸른 윤기를 내며, 어깨와 배는 아주 하얗고, 나머지는 죄 검다. 여러 색이 얼마나 예쁘고 멋지게 서로 어울리는지 모른다!

까치

까치 둥지

'희소식과 행운의 새' 까치는 동네 사람들의 몸차림이나 목소리도 기억하고 있어서 낯선 사람이 동네 어귀에 나타났다면 깍깍 울어젖힌다. 이래서 "까치가 울면 손님이 온다."고 믿게 되었다. 또 까마귀나 앵무새와 함께 영리하기로 이름난 새로 까막까치(까마귀와 까치)의 뇌 기능은 놀랍게도 침팬지와 거의 맞먹는다고 한다.

까치는 큰 나무에다 1000여 개의 나뭇가지를 얼기설기 얽어 지름 1미터 크기의 둥지를 만들고, 알자리로 진흙·마른풀·깃털 등을 깔며, 빛이 잘 드는 쪽에다 몸이 겨우 빠져나올 정도의 조붓한(좁은 듯한) 문을 낸다. 그해 큰물이 질 듯하면 둥지를 덩그러니 높게 올린다고 하니 참으로 영리한 기상예보관이다!

까치의 텃세권(세력권)은 1.5~3킬로미터나 된다. 오뉴월이면 새끼가 알을 까고 나오는데, 이때쯤이면 조무래기 또래 친구들은 바지랑대(긴 막대기)를 들고 높다란 감나무 위 까치집 똥구멍을 쑤셔대니 거기서 흘러내리는 꼬챙이, 터럭(털), 먼지가 아수라장(난장판)이다. 까치 놈이 죽기 살기로 휙휙 무섭게 달려들어 억센 부리로 쪼기에 머리에는 부엌의 바가지를 뒤집어써 단단히 무장을 한다. 아이들이야 장난이지만 까치는 새끼를 지켜야 하니 눈에 불을 켜고 필사적(죽을힘을 다함)이다.

까치는 일부일처로 둘은 평생을 정답게 살며, 그해 겨울에는 다 자란 까치들 수백 마리가 떼를 지어 눈 맞추며 집단으로 '맞선보기'를 한다. 까치는 잡식성이어서 쥐 따위를 비롯하여 곤충·나무 열매·곡물 등 마구잡이(닥치는 대로 마구)로 먹는다. 과수원 과일도 귀신같이 맛있는 것만 골라 파먹어 놈들이 미워도 가을 감나무 우듬지(꼭대기 줄기)에 홍시 몇 개를 남겨두니 그것이 '까치밥'이다. 하찮은 새까지 배려(돕거나 보살펴줌)했던 조상들의 따뜻한 심성(마음씨)을 대물림으로 이어받을지어다.

그리고 매우 똑똑한 까치는 거울에 비친 자기 모습(mirror image)을 알아차린다. 어릴 때, 아주 큰 거울을 마당에 들고 나가 수탉 앞에다 들이(들입다) 밀어보았다. 아니나 다를까, 녀석이 거침없이 눈

알을 부라리고 목을 끄덕이며 무턱대고 몸을 날려 다부지게(야무지게) 두 다리에 붙은 싸움발톱(며느리발톱)으로 가차(사정) 없이 타다닥 거울 유리를 박찬다. 마구 끝장을 볼 태세(자세)다. 거울에 비친 수탉이 자기를 노려보는 것으로 알았던 것이다. 까치보다 한참 둔한 수탉으로 그래서 '새대가리'란 말이 생겼다.

까막까치는 가을철이면 한겨울에 되찾아 먹으려고 먹이를 물어다 양지바른 잔디밭이나 돌멩이 틈새에 몰래 숨겨둔다. 그렇다고 다 찾아 먹지 못한다. 이렇게 잊어버리기를 잘하는 사람을 놀릴 때 "까마귀 고기를 먹었나?"라고 하는 것. 또 까치는 엉금엉금 걷고, 두 발을 모아 조촘거리는 '까치걸음'을 하며, 가끔은 날렵하게 폴짝폴짝 뛰기도 한다. 사람 발가락 밑의 접힌 금에 살이 터지고 갈라진 자리를 '까치눈'이라 하는데 무척 아리고 따갑다.

까막까치 소리를 다 하다 북한어로, 까마귀와 까치가 울어대듯 시끄럽게 할 소리 못할 소리 다 하는 모양을 이르는 말.

까막까치도 집이 있다 하찮은 까마귀나 까치들도 다 제집이 있는 법이라는 뜻으로, 집 없는 사람의 서러운 처지를 한탄하여 이르는 말.

까치 배 바닥(배때기) 같다 실속 없이 흰소리(헛소리)를 잘하는 것을 얕잡아 이르는 말.

까치는 까치끼리 처지나 이해관계가 비슷한 사람끼리 서로 모이고 사귀게 됨을 비꼬아 이르는 말.

까치 발을 볶으면 도둑질한 사람이 말라 죽는다 물건을 잃어버린 사람이 훔친 사람을 짐작하여 상대를 떠보는 말.

아침 까치 같다 유난히 시끄럽게 떠드는 사람을 빗대어 이르는 말.

지렁이 무리에 까막까치 못 섞이겠는가 북한어로, 아주 무관한(관계없는) 두 사람이 서로 가까이 어울리게 됨을 이르는 말.

칠석날 까치 대가리 같다 칠월칠석날 까마귀(오, 烏)와 까치(작, 鵲)가 머리를 맞대어 오작교(烏鵲橋)를 놓아서 견우와 직녀를 만나게 함으로써 머리털이 훌렁 다 빠졌다는 이야기에서 나온 말로, 머리털이 빠져 성긴(드문드문한) 모양을 빗대어 이르는 말.

희기가 까치 배 바닥 같다 말이나 행동을 희떱게(분에 넘치며 버릇이 없음) 하는 모양을 빗대어 이르는 말.

까마귀

반포의 효를 다하는 새

까마귀(오, 烏, crow)는 까마귀과에 들고, 중앙아시아 원산(동식물이 맨 처음 나거나 자람)으로 40여 종이 세계적으로 분포한다. 우리나라에는 텃새인 까마귀, 큰부리까마귀와 철새인 떼까마귀, 갈까마귀 4종이 서식한다(깃든다). 여기서 '갈까마귀'는 '몸집이 작은 까마귀'란 뜻으로, 동식물 이름 앞에 갈·왜·쇠·어리·좀·좁·벼룩 따위가 붙으면 작다는 의미다. 예를 들어 갈대, 왜우렁이, 쇠기러기, 어리연, 좀벌레, 좁쌀, 벼룩잎벌레 등이 그렇다.

까마귀

넷 중에서 까마귀를 예로 살펴보자. 까마귀는 보통 무리를 짓고, 몸길이 50센티미터, 날개 길이 32~38센티미터로 수컷이 암컷보다 좀 크다. 부리는 뭉툭하고 짧은 편이며, 윤기 나는 보랏빛 검은 깃털이 온몸을 덮었고, 다리·발·부리까지 새까맣다.

큰부리까마귀

떼까마귀

사실 까마귀 깃털이 검지만 거죽(살갗)은 희고, 반대로 백로나 백곰같이 깃털과 털이 흰 동물은 살가죽은 검어서 햇살(열)을 끌어 모으는 데 도움을 준다. 고려 말, 조선 초의 문신인 이직의 시 “까마귀 검다 하고 백로야 웃지 마라. 겉이 검은들 속조차 검을 소냐. 겉 희고 속 검은 이는 너뿐인가 하노라.”는 그래서 과학적으로도 옳다.

까마귀는 사람 발길이 아주 뜸하고 후미진 높은 산 중턱의 큰 나무 꼭대기에다 마른 나뭇가지를 모아 지름 30센티미터에 이르는 접시 꼴의 둥지를 튼다. 녹청색인 알 서너 개를 낳아 암컷이 18~20일간 품고, 새끼들은 한 달 가까이 자라서 날아간다. 이렇게 새끼를 다 키운 다음 인가 근처로 내려오기에 새끼치기하는 것을 보기 어렵다. 녀석들은 동물 시체를 제일 좋아하지만 곤충·지렁이·개구리·들쥐는 물론이고, 다른 새의 알을 훔치거나 사람이 먹다 남은 음식 찌꺼기를 걷어 먹는다.

우리는 까옥까옥 소리를 질러대는 까마귀를 흉조(불길한 새), 해조(해롭새)로 보는데 서양이나 일본인들(일본 문화에 유럽 문화가 영향을 미친 탓임)은 되레 길조(좋은 새)로 여긴다. 하지만 우리도 고려시대만 해도 까마귀를 신성한 동물로 여겼으니, 태양 안에서 산다는 세 발 달린 상상의 까마귀 '삼족오'를 힘의 상징으로 여겼다.

그리고 까마귀·물까치·까치·어치(산까치) 따위의 까마귀과 조류(새)는 하나같이 지능이 아주 높아 영리하기 때문에 '새대가리'란 말이 이들에게는 통하지 않는다. 까치처럼 사람 얼굴을 기억(구분)할 줄 알고, 포유류의 대뇌피질(큰골 겉 부위)에 해당하는 조류의 뇌 부위는 침팬지의 것과 비슷하여 대여섯 살 어린애 지능과 맞먹는다고 하지 않는가.

또 흔히 작년에 알에서 깬 언니오빠 까마귀는 계속(내리) 어미 곁에 머물면서 먹이를 물어다 새로 난 동생들을 먹인다. 까마귀를 반포조(어미 새에게 먹을 것을 물어다 주는 새), 효조(은혜를 갚는 새)라 일컫는데 직접 어미에게 먹이지는 않지만 이토록 엄마를 한몫 거드는 착한 새다. 까마귀마저 엄마를 돕는데 하물며 사람인 우리는 어찌해야 옳은가? 물으나 마나다! 어버이 살았을 제(적에) 섬기기 다 하여라. 지나간 후엔 애달프다 어이하리!

까마귀 고기를 먹었나 잊어버리기를 잘하는 사람을 놀리거나 나무라는 말.

까마귀 날자 배 떨어진다 아무 생각 없이 한 일이 공교롭게도(우연하게도) 때가 같아 어떤 관계(연관)가 있는 것처럼 의심을 받게 됨을 이르는 말. 오비이락(烏飛梨落)이라고도 한다.

까마귀 학이 되랴/닭의 새끼 봉 되랴 본시 제가 타고난 대로밖에는 아무리 하여도 안 됨을 빗대어 이르는 말.

까마귀가 검기로 속도 검겠나 겉모양새가 허술하고(보잘것없고) 누추하여도(지저분하고 더러워도) 마음속까지 그럴 리 없으므로 사람을 평가할 때 볼품만 보고 할 것이 아니라는 말.

까마귀가 아저씨 하겠다/까마귀와 사촌 손발이나 몸에 때가 너무 끼어서 시꺼멓고 더러움을 놀림조로 이르는 말.

까마귀가 알(떡) 물어다 감추듯 까마귀가 먹을 것을 물어다 감추고는 나중에 어디에 두었는지 모른다는 데서, 제가 둔 물건이 있는 곳을 걸핏하면(툭하면) 잊어버리는 경우를 빗대어 이르는 말.

까마귀도 내 땅 까마귀라면 반갑다 자기가 오래도록 정들인 것은 무엇이나 다 좋다.

까마귀밥이 되다 거두어줄 사람이 없이 죽어 버려지다.

오합지졸(烏合之卒) 까마귀가 모인 것처럼 질서가 없이 모인 병졸이라는 뜻으로, 임시(그때그때 필요에 따라)로 모여들어서 규율(질서나 차례)이 없고 무질서함을 이르는 말.

부엉이

예부터 재물을 상징하는 부자 새로 불렸다?

부엉이(eagle-owl)는 올빼미과에 들고, '고양이 얼굴을 닮은 매'라는 뜻에서 묘두응(猫頭鷹)이라 불렸다. 날카로운 부리와 날 선 발톱을 갖는 성깔머리 있는 육식성 맹금류로 같은 과에는 소쩍새·수리부엉이·솔부엉이·올빼미 따위가 있다. 이 중에서 소쩍새 무리와 부엉이들은 머리 꼭대기에 다른 동물이 무섭다고 느낄 만한 2개의 깃털 묶음인 귀깃(우각, 羽角, ear tuft)이 우뚝 솟아 있으나, 올빼미 무리는 그것이 없다.

우리나라 부엉새에는 수리부엉이·칡부엉이·쇠부엉이·솔부엉이(귀깃이 없음)가 있는데 이 이름들에서 '수리'는 수장(대장), '칡'은 검은색, '쇠'는 작음, '솔'은 소나무를 뜻한다. 그 가운데 가장 덩치가 큰 수리부엉이를 본보기 삼아 그들의 형태·생리·생태적인 특징을 알아본다.

수리부엉이는 올빼미과의 부엉이로 몸길이 60~75센티미터, 몸무게 1.5~4.5킬로그램인 대형 조류이다. 다시 말하지만 머리 꼭대기(귓가)에 두 개의 빼곡히 난 검은색 털 뭉치인 귀깃이 비스듬히 솟았고, 수컷이 더 우뚝 섰다. 꼬리는 짧은 것이 막대처럼 뭉툭하며, 몸은 진한 황갈색 바탕에 검정색 세로줄 무늬가 있다. 예리한 눈초리에 눈동자는 검고, 동자 둘레(홍채)는 귤색으로 앞으로 향한 아주 큰 눈을 가졌다.

한반도 전역에서 번식하는 텃새인데 환경파괴로 어느새 희귀한

(드문) 새 축에 들어서 천연기념물 제324-2호로 지정 받았다. 평지에서 고산에 이르는 바위산의 벼랑이나 강을 낀 절벽 등지에 보금자리를 마련한다. 바위나 나무 위에 우두커니 앉아 눈을 껌뻑거리고 있는 것이 특징이고, 밤새(저녁부터 새벽까지) 은근히 활동하는 야행성이며, 밝은 낮에는 물체를 잘 보지 못하기에 꼼짝 않고 숨어 지낸다.

수리부엉이의 얼굴은 좀 움푹하게 들어가고 납작한데 이를 얼굴판(facial disc/facial mask)이라 부르고, 빳빳한 깃이 두 눈자위(눈언저리)를 중심으로 하여 방사상으로 빽빽하게 나 있어서 접시형안테나(parabolic antenna)와 같은 몫을 한다. 그리고 얼굴판의 깃털들이 약하게 움직여 소리를 모아서 깃털에 덮여 있는 귀로 전달하는데 개나 고양이보다 4배나 소리를 더 잘 듣는다고 한다.

깊은 밤에 횃대를 타고 사방을 뚫어지게(예의) 눈여겨보고(주시하고) 있다가 먹잇감이 있음을 낌새채면 낮게 파도 모양으로 쓱쓱 날

수리부엉이의 비행

아, 세차게 내리 곤두박질하여 덮쳐 쓰러뜨리고는 억센 발로 눌러, 거친 부리로 쥐어뜯어 먹는다. 공중에서 나는 새를 가로채 잡기도 한다. 육식성 조류들이 다 그렇듯이 먹은 것 중에서 소화가 안 되는 깃털이나 뼈 같은 것을 나중에 둥그스름한 덩어리(펠릿, pellet) 꼴로 토하니 이를 'owl pellet'이라 한다.

암수 모두 야밤중에 으스스하게 '우우' 하고 울부짖는데, 듣고 있자면 모골이 송연(끔찍스러워서 몸이 으쓱하고 털끝이 쭈뼛)해진다. 다른 새의 둥지를 빼앗기도 하지만 구새통(속이 썩어서 구멍이 생긴 통나무)이나 바위 굴, 바위틈에 움쑥(우묵) 들어간 자리에다(따로 둥지 없이) 한배에 2~3개의 알을 낳는다. 개구리·물고기·곤충·지렁이에서 도마뱀·독사·꿩·쥐·산토끼도 잡아먹는다.

'부엉이 곳간'이 뜻하듯이 우리나라에서 부엉이는 예부터 재물을 상징하는 부자 새로 불렸고, 서양에서는 올빼미와 함께 지혜의 상징으로 여긴다. 또 민속에서는 한밤중에 우는 부엉이 소리가 죽음을 상징하여 부엉이가 동네를 향해 울면 그 동네의 한 집이 상을 당한다고 하였다. 글을 쓰면서 늘 느끼는 것이 있으니, 한 생물에 얽힌 속담이나 관용어, 사자성어의 개수가 자연스럽게 그 생물과 사람이 얼마나 가깝게 지내느냐에 매였더라는 것이다.

부엉이 곳간 부엉이는 닥치는 대로 이것저것 먹을거리를 한가득 물어다 곳간(물건을 간직하여 두는 곳)에 쌓아놓는 습성(버릇)이 있다는 데서, 없는 것이 없을 정도로 무엇이나 다 갖추어져 있는 경우를 빗대어 이르는 말.

부엉이 방귀 같다 부엉이는 자기가 뀐 방귀에도 놀란다는 뜻으로, 사소한 일에도 잘 놀람을 빗대어 이르는 말.

부엉이 셈 치기 어리석어서 이익과 손해를 잘 분별하지 못하는 주먹구구식의 셈법을 비유하여 이르는 말.

부엉이 소리도 제가 듣기에는 좋다고 자기의 약점을 모르고 제가 하는 일은 다 좋은 것으로만 생각함을 비꼬아 이르는 말.

부엉이 집을 얻었다 부엉이 집에는 없는 게 없다는 데서 횡재(노다지)했음을 이르는 말.

욕심은 부엉이 같다 욕심꾸러기를 빗대어 이르는 말.

올빼미

얼굴이 지혜로운 노인을 닮았다고?

올빼미(계효, 鷄鴞, owl)는 올빼미과의 맹금류로 올빼미과에는 올빼미·부엉이·소쩍새 따위가 든다. 부엉이와 소쩍새는 '새의 대가리에 뿔 모양으로 솟은 깃털 묶음'인 귓바퀴(뿔) 꼴의 귀깃(우각) 2개가 우뚝 솟아 있으나 올빼미 머리는 밋밋한 것이 그 귀깃이 없다.

올빼미는 머리는 둥글고, 몸이 통통한 것이 씩씩하고 당당하게 생겼으며, 몸길이 37~46센티미터, 체중 400~800그램으로 암수가 달라서 수컷이 5퍼센트 정도 더 길고, 25퍼센트 정도 더 무겁다. 옮겨 다니지 않고, 한곳에 머물러 사는 전형적인 텃새로 야행성이라 낮에는 구새통이나 나무 밑둥치에 숨어 지내다가 황혼 무렵부터 새벽녘까지 나대면서 사냥한다. 그래서 '올빼미족(night owl)'은 늦게 일어나 해가 뉘엿뉘엿 지기 시작해야 정신이 맑아지는 사람이나 야근, 밤공부하는 사람을, '올빼미 버스'란 서울의 심야버스를 이른다.

맹금류가 모두 그렇듯이 사냥하기 좋도록 진화하였으니 날카로운 부리와 날 선 발톱을 갖는다. 쥐(설치류)가 주된 사냥감이지만 토

올빼미

소쩍새

끼 새끼·새·지렁이·딱정벌레(갑충)도 잡으며, 작은 것은 잡자마자 통째로 꿀꺽 삼켜버린다. 육식성 조류인 다른 맹금류처럼 먹은 것 중에서 소화가 안 된 털이나 뼈 같은 것은 나중에 뭉치(펠릿)로 토해 낸다.

매우 예민한 시각과 청각, 소리 안 나는 비상(날기)이 야간 먹이잡이에 도움을 준다. 올빼미는 앞으로 향한 아주 큰 눈을 가졌고, 망막에는 색소를 느끼는 원추세포가 없는 대신 빛에 아주 민감한 간상 세포가 빽빽이 나 있다. 눈자위는 둥글넓적한 모양으로, 두꺼운 깃털로 에워싼 '얼굴판'이 있어 거기서 모은 소리를 귀에 전달한다.

올빼미는 사람보다 10배 더 예민한 귀를 가져서 멀리서 들려오는 풀잎 떨리는 소리나 먹잇감이 바스락거리는 저주파 소리도 다 잘 듣는다. 그래서 추적추적 떨어지는 희미한 물방울 소리도 올빼미가 소리를 듣는 데 방해가 되어 여름 장마철에는 사냥을 못 하고 쫄쫄 굶는 수가 있다 한다.

또 심한 원시(돋보기눈)라 가까운 물체는 보지 못할 뿐더러 고정된 눈알을 움직이지 못하는 대신 머리를 빠르게 이리저리 돌려서(사방 270°까지 돌림) 먹이를 찾거나 천적을 피한다. 올빼미도 예외가 아니어서 그 수가 확 줄어들어 천연기념물 제324-1호로 보호종이 되었다.

암수가 평생을 일부일처로 같이 지내며, 2~3개의 알을 암컷 혼자서 30일간 품는다. 새끼는 2~3개월 아비어미의 헌신적인 돌봄과 보살핌을 받은 후에 보금자리를 떠나고, 수명은 약 5년으로 본다.

올빼미는 깜깜한 밤에 머리를 상하좌우로 까닥거리며 잠자코 엿듣거나 망보고 있다가 날쌔게 기습적으로 내리꽂아 덥석 먹이를 덮친다. 후드득후드득, 너울너울 날아도 날갯소리가 나지 않는데 깃털이 엄청 부드럽고, 무엇보다 날갯죽지의 깃 가장자리에 수많은 빗살 모양의 톱니 깃털이 가지런히 쫙(숭숭) 나 있어서 이것이 소음을 지워버리는 탓이다. 다시 말해서 커다란 자동차 엔진 소리가 새나가지 않게 하는 장치인 머플러(muffler)처럼 날갯소리를 없앤다.

그런데 우우, 우우, 우후후후후! 이따금씩 들리는 올빼미 소리는 왜 그리도 으스스하고 섬뜩한지……. "올빼미가 마을에 와서 울면 사람이 죽고, 지붕에 앉으면 그 집이 망한다."고 예부터 우리나라에서는 부엉이가 그렇듯이 올빼미도 불행의 징조로 보아 흉물스런 새(흉조)로 취급했다.

하지만 서양에서 올빼미는 학문과 지혜의 상징이다. 올빼미의 큰 머리, 둥근 얼굴, 정면을 향한 두 눈, 중앙에 세로로 우뚝 선 콧대, 얼굴 둘레의 희끗희끗한 털이 꼭 지혜로운 노인을 닮았다 하여 서양의 학교나 도서관, 서점 앞 곳곳에 올빼미 간판이 있고, 선물 가게 어디서나 올빼미 장난감이 수두룩한 것을 본다.

날 샌 올빼미 신세 올빼미는 야행성이라 날이 새면 활동을 못 한다는 데서, 일이 끝장났다거나 힘없고 세력이 없어 어찌할 수 없는 외로운 처지를 비유하여 이르는 말.

대낮의 올빼미 어떤 물건을 보고도 알아보지 못하고 멍청하게 있음을 빗대어 이르는 말.

올빼미 눈 같다 낮에 잘 보지 못하다가 밤에 더 잘 봄을 빗대어 이르는 말.

올빼미 제 나이 세기 / 올빼미 셈 통 셈을 할 줄 모르는 사람이나 계산이 분명치 못한 것을 가리키는 말.

비둘기

뜻밖의 장거리 비행 능력 소유자

비둘기(이성조, 二聲鳥, dove/pigeon)는 비둘기과에 속하는 평화를 상징하는 새로 중요한 나라 행사가 있는 날에는 비둘기를 날렸다. 또 우리 옛 선조들은 비둘기를 부부 금슬을 상징하는 새로 생각하였으니 이는 비둘기가 한번 짝을 맺으면 상대(짝)를 바꾸지 않기 때문이다. '비둘기파', '매파'란 말이 있는데, 비둘기파는 정치 성향이 부드러운 온건파(평화주의자)를 일컫고, 매파는 급진적이며 강력한 강경파(강경주의자)를 뜻한다.

비둘기는 세계적으로 300여 종이 있고, 우리나라에도 5종이 있다 한다. 집이나 도시 공공장소에 흔히 보는 집비둘기, 야산이나 인가 근처에 많은 멧비둘기(산비둘기), 몇 마리 안 되는 해안가나 섬에 사는 양비둘기, 울릉도·흑산도·제주도의 흑비둘기, 홍도 등 서해의 섬에 사는 몇 안 되는 염주비둘기 등이다.

양비둘기는 서양에서 들어온 집비둘기의 원종(본래의 성질을 가진 종자)이자 멸종위기에 처한 보기 드문 텃새로 지리산 자락에 있는 화엄사·천은사 등 사찰에서 10여 마리가 서식하고 있음을 확인했

집비둘기

멧비둘기

염주비둘기

다 한다. 이들은 한반도와 그 주변 지역인 연해주, 중국, 몽골에 분포하고 있다.

집비둘기는 본래 멧비둘기처럼 날렵하였으나 요샌 도시공원이나 길거리에서 사람들이 던져주는 과자나 빵부스러기를 잔뜩 먹어 보통 비둘기보다 오동통 살이 오른 비만비둘기가 되었으니 이들을 '닭비둘기', '돼비둘기'라 부른다지.

멧비둘기를 중심으로 비둘기의 여러 구석을 살펴본다. 멧비둘기는 몸길이 33센티미터로 썩 날씬하고, 매우 흔한 텃새다. 몸통에 비해 머리가 작고, 적자색인 다리는 짧아서 땅딸막하며, 머리·목·가슴은 연한 황갈색, 등·허리·꼬리·날개는 잿빛으로 꽁무니 끝에 흰 띠가 있다. 비둘기는 날개 근육이 몸의 31~44퍼센트를 차지해 새 중에서 가장 빠르게 난다고 한다.

멧비둘기는 한국·일본·중국 등 동아시아 전역에서 텃새로 살고, 우리나라에서는 전국적으로 도시공원·산림 가장자리·들판·경작지에 두루 산다. 풀씨나 추수 후의 벼·보리·옥수수·콩 등의 곡식 낟알과 나무 열매가 주식이지만, 여름철에는 메뚜기나 그 밖의 곤충도 잡는다. 그러나 농작물을 축내기에 해론새(해조, 害鳥)로 예부터 꿩과 함께 잡도록 허락된 사냥새였다.

짝짓기 때는 수놈이 '구구 구구구', 그렁그렁 구르는 사랑의 목소리로 속닥대고, 목의 깃털을 한껏 부풀려 연신 고개를 위아래로 까닥이면서, 온몸으로 암놈을 채근(조르며)하며 부추겨 꾄다. 산란기는 2~7월이고, 한배에 하얀 알 두 개를 낳으며, 15~16일간 품는다. 비둘기는 특이하게 암수 모두 모이주머니 벽에서 하얀 암죽(묽게 쑨 죽) 같은 젖을 토해 어린 새끼에게 먹이는데 이를 '비둘기 우유(pigeon milk)'라 한다.

멧비둘기는 나름대로 몸이 실팍져(실해서), 살코기가 푸지고 맛난 까닭에 옛사람들이 좋아하였다지만 유독(오직) 어린아이나 미혼자들에게는 먹이지 않았다고 한다. 그것은 멧비둘기가 알을 단 2알만 낳기 때문이란다. 그때 그 시절엔 누구나 자식을 여럿 두었기에 자녀를 둘만 둔다는 것은 죄를 짓는 일로 여겼던 것. 한마디로 많으면 많을수록 더욱 좋은 것(다다익선)이 자식이었다. 한데 왜, 어째서 요새 사람들은 종족 보존 본능을 깡그리 잃어가는지 모르겠다.

귀소본능(자기 서식처나 둥지로 되돌아오는 성질)이 더할 나위 없이 센 전서구(문서 비둘기)는 통신용으로 널리 이용되었는데 아마도 머릿속의 지도와 나침판(map and compass)을 써서 1000킬로미터가 넘는 장거리 비행을 했다고 본다. 그리고 요새도 서양에서는 비둘기경기를 즐기고, 비싼 비둘기는 몇억 원을 부른다고 한다.

까마귀도 반포의 효가 있고 비둘기도 예절을 안다 북한어로, 까마귀는 자라서 어미에게 먹이를 물어다 먹인다는 반포(反哺)의 효성이 있고, 비둘기도 어미와 새끼, 수컷과 암컷 사이에 매우 엄한 질서가 있어 서로 예의를 지킨다는데 하물며 사람이 어찌 은덕을 잊을 수 있겠는가 하고 이르는 말.

까치집에 비둘기 들어 있다 남의 집에 들어가서 주인 행세를 함을 빗대어 이르는 말.

비둘기 마음은 콩밭에 있다 / 비둘기는 몸은 밖에(나무에) 있어도 마음은 콩밭에 가 있다 먹을 것에만 정신이 팔려 온전히 다른 볼일을 보지 못하거나, 아무리 좋은 곳을 떠돌아다녀도 자기가 살던 고장을 잊지 못함을 이르는 말. 한마디로 머리와 가슴, 마음과 몸이 따로 논다는 뜻이다.

하룻비둘기 재를 못 넘는다 / 햇비둘기 재 넘을까 경험이나 실력이 없이는 큰 일을 하기 어렵다는 말. '재'는 높은 산의 고개를 뜻한다.

닭

새벽에 목 놓아 우는 까닭은?

닭(계, 鷄, chicken)은 닭목, 꿩과의 조류로 미얀마·말레이시아·인도 등지가 원산지(동식물이 맨 처음 난 곳)이며, 야계(들꿩)를 길들인 것이다. 우리 토종닭은 몸집이 작고 가벼우며, 깃털이 반드르르하고, 날개가 실하고 긴 데다 꼬리가 아주 굽게(휘어지게) 길어서 초가지붕에도 잘 날아올랐다. 또 무엇보다 알을 품고 새끼를 잘 기르는 특성이 있다. 실제로 하늘에 독수리가 빙빙 도는 날에는 겁먹은 닭들이 꽥꽥 소리 지르며 허겁지겁 숨을 곳을 찾느라 어수선하다. 특히나 어미 닭의 경고(주의) 소리에 어미를 붙좇던 병아리들은 질겁하여, 나부죽 엎드린 어미 날개 밑으로 쪼르르

알을 품고 있는 암탉

냉큼 숨어들어 대가리만 쏙쏙 내민다.

병아리

볏은 한 장으로 된 홑볏으로 볏 시울(가장자리)이 톱니처럼 생겼으며, 부리 밑에 수염 모양으로 달린 붉은 살덩이(육수, 肉垂)는 길고, 귓바퀴의 아래쪽에 붙어 있는 귓불은 붉거나 희다. 윗부리 바로 뒤에 콧구멍이 있고, 눈알 뒤에 있는 귀는 깃털로 덮였다. 토종닭은 봄과 가을 동안 100개 미만의 알을 낳으니, 이는 짬만 나면 알을 품어 새끼를 치겠다는 심사(마음)다.

수탉 볏(벼슬)은 암컷보다 훨씬 크면서 멋지고, 소리도 거쿨지며(씩씩하며), 허우대(체격)도 헌걸찬(풍채가 좋고 의기 당당한) 멋쟁이들이다! 이는 일종의 2차 성징이다. 그리고 알을 낳지 못하는 암탉을 둘암탉이라 하고, 새끼를 낳지 못하는 암캐를 둘암캐, 암소를 둘암소라 하는데 여기서 '둘'은 '새끼나 알을 낳지 못하는'의 뜻을 더하는 접두사이다.

달구리(새벽닭이 울 때)는 옛날 사람들에게 시간을 알려주는 시계였다. 그러나 생물학적으로 보면 자기의 존재와 텃세를 알리는 행위(소리 싸움)로 수탉의 울음소리를 분석한 결과, 24가지 소리를 낸다고 한다. 그리고 닭들이 밭에서 거방지게(푸지게) 지렁이 잡고, 모이를 주워 먹고 나면 사부작사부작 흙을 파헤치고 들어앉아서 버르적거리니(팔다리를 내저으며 큰 몸을 자꾸 움직이니) 이를 사욕(沙浴, 모래 목욕), 토욕(土浴, 흙 목욕)이라 한다. 이것은 몸에 빌붙은 기생충을 떨어뜨리자고 그런 것이다.

수탉은 암컷을 차지하기 위해 늘 다른 수놈들을 경계하고, 텃세(삶의 영역)가 겹치는 날에는 생사를 걸고 싸움을 한다. 그들의 싸움 무기는 예리한 부리와 뾰족한 싸움발톱(며느리발톱)인데 이것은 다리 뒤쪽에 달린 날카로운 돌기(도드라짐)로 수컷에게만 있고, 보통 발톱과는 다르다.

한편 '닭살'이란 닭 껍질같이 오톨도톨한 사람의 살갗으로 '몸소름'을 속되게 이르는 말이며, 나이에 걸맞지 않게 어리광 피우면서 논다거나 서로 못 붙어 있어 안달 난 남녀 짝을 두고 '닭살 커플'이라 한다.

싸우는 수탉들

곤달걀 꼬끼오 울거든/병풍에 그린 닭이 홰를 치거든 도저히 이룰 가망(희망)이 없다는 말. '곤달걀'이란 곯은 달걀을 말하며, '홰'란 새장이나 닭장 속에 새나 닭이 올라앉게 가로질러 놓은 나무 막대를 가리킨다.

관청에 잡아다 놓은 닭 영문도 모르고 낯선 곳으로 끌려와서 어리둥절해하는 사람을 이르는 말.

닭 발 그리듯 글을 쓰거나 그림을 그리는 솜씨가 매우 서툴고 어색함을 빗대어 이르는 말.

닭 쫓던 개 지붕(먼 산) 쳐다보듯 애써 하던 일이 실패로 돌아감을 빗대어 이르는 말.

닭도 홰에서 떨어지는 날이 있다 누구나 실수하는 수가 있다는 말.

닭싸움에도 텃세한다 먼저 자리 잡은 사람이 나중에 온 사람에게 선뜻 자리를 내주지 않음을 이르는 말.

닭의 볏이 될지언정 소의 꼬리는 되지 마라 크고 훌륭한 자의 뒤를 쫓아다니는 것보다는 차라리 작고 보잘것없는 데서 우두머리가 되는 것이 낫다는 말.

밑알을 넣어야 알을 내어 먹는다 애써 공이나 밑천을 들여야 무엇인가를 얻을 수 있음을 비꼬는 말. '밑알'이란 암탉이 알 낳을 자리를 바로 찾아들도록 둥지에 미리 넣어두는 달걀이다.

소경(장님) 제 닭 잡아먹기 이익을 보는 줄 알고 한 일이 결국은 자기 자신에게 손해가 됨을 이르는 말.

암탉의 무녀리냐 맨 처음 낳는 알은 더없이 작기 일쑤라서 몸집이 작은 사람이나 언행이 좀 모자란 사람을 놀림조로 이르는 말. '무녀리'란 한 태(胎)에 낳은 여러 마리 새끼 가운데 가장 먼저 나온 새끼를 가리킨다.

초저녁 닭이 울다 일의 이치도 모르고 마구 행동하다.

촌닭이 읍내 닭 눈 빼 먹는다 겉으로는 어수룩해 보이는 사람이 실제로는 약삭빠르고 수완(솜씨)이 있음을 이르는 말.

홀알에서 병아리 나랴 수탉 없이 집단 닭장에서 낳은 홀알(무정란)에서는 병아리가 나올 수 없다는 뜻으로, 어떤 일이 이루어질 수 있는 조건이나 기회가 없는 데서는 전혀 그 일을 기대할 수 없다는 말.

군계일학(群鷄一鶴) 닭의 무리 가운데에서 한 마리의 학이란 뜻으로, 많은 사람 가운데서 뛰어난 인물을 이르는 말.

독수리

이름에 대머리 '독' 자가 든 사정

독수리(禿--, eagle)는 매목, 독수리과에 들고, 대형 겨울철새다. 우리나라 독수리과에는 모두 13종이 있으니 독수리 말고도 물수리·참수리·솔개·참매·말똥가리·검독수리 따위가 있다. 전 세계에 23종의 비슷한 종들이 서식하며(살며), 소형 독수리인 '흰머리수리(American bald eagle)'는 미국을 상징하는 국조(國鳥)이다.

독수리는 가장 큰 맹금류(수리과나 매과의 새와 같이 성질이 사납고 육식을 하는 종을 통틀어 이르는 말)로 몸이 크고, 힘이 세며, 끝이 굽은(갈퀴진) 무시무시한 회갈색 부리와 살색의 굵은 다리, 날카로운 발톱을 가지지만 몸집에 비해 머리는 작은 편이다. 똥그란 두 눈은 크고 예리하니 날카롭고 매서운 눈을 비유적으로 '독수리눈'이라 부른다.

정수리와 윗목은 깃털이 벗겨졌기에 대가리를 처박고 후벼 파먹는 먹이에 묻은 병균이나, 기생충이 머리에 옮겨 붙지 않게 되었다 하고, 그래서 '독(禿, 대머리 독)' 자가 붙었다 한다.

날갯짓은 매우 느릿느릿하며, 날 때는 날개를 쫙 편 채 상승기

독수리

검독수리

흰머리수리

류(위로 솟는 공기의 흐름)를 이용한다. 고도 3800~4500미터에서 많이 나는데 그런 높이에선 산소가 부족하게 마련이지만 독수리는 핏속에 산소와 결합력이 매우 강한 헤모글로빈(haemoglobin/hemoglobin)이 있어 호흡(숨쉬기)에 지장이 없다 한다.

독수리는 포식자에게 잡혔거나 저절로 죽은 야생동물의 사체(시체)를 먹고, 가끔은 병들어 죽어가는 동물을 잡아먹기도 한다. 이렇게 포식자들은 병에 걸렸거나 몸이 약한 약골들을 솎아주므로 생태계를 건강하게 유지해준다. 한 예로 병약한(병들어 몸이 쇠약한) 얼룩말들이 사자에게 죽임을 당하므로 건강한 유전자를 가진 것들만 살아남게 된다.

대부분 혼자 또는 쌍을 지어 생활하지만 겨울에는 5~6마리씩 무리를 이룬다. 번식은 지중해 지역이나 중앙아시아에서 하고, 2~4월에 높은 나무나 고산 절벽에 집을 지으며, 앞이 탁 트인 곳을 좋아한다. 나뭇가지를 쌓아올려 접시 모양의 둥지를 짓고, 알자리에는 동물의 털이나 작은 나뭇가지, 마른풀을 까는데 보금자리의 지름이 1.45~2미터, 깊이 1~3미터에 이른다고 한다.

겨울엔 우리나라로 날아와 월동(겨울나기)하고 봄 되면 돌아가니, 대표적으로 철원 토교저수지 근방, 파주 장단반도, 경남 고성군과 산청군에 해마다 400~500마리가 날아든다. 그래서 고향 집이 있는 산청군, 단성면, 백운리 뒷산 정상 자락에 동그마니(외따로 오뚝) 누워 있는 너럭바위가 어마어마하게 깔겨놓은 허연 배설물로 덕지덕지 똥 범벅이 되어 있다. 암튼 요샌 철원 지역에서는 일부러 먹이를 주므로 옛날보다 더 많은 수가 찾아오고, 천연기념물 제243-1호로 정해서 보호한다.

독수리 날리듯 북한어로, 낳아서 별로 정을 들여보지 못하고 자식을 슬하에서 떠나보내는 모양을 빗대어 이르는 말.

독수리 본 닭 구구 하듯 독수리를 본 닭이 갈피를 못 잡고 이리저리 헤매듯이 위험이 닥쳤을 때 겁에 질려 어쩔 줄 몰라 하는 모양을 비꼬아 이르는 말.

독수리가 병아리 채 가듯 갑자기 덮쳐서 감쪽같이 채(빼앗거나 훔침) 가는 모양을 빗대어 이르는 말.

독수리는 모기를 잡아먹지 않는다 자신의 위신(권위)에 어울리지 않는 보잘것없는 일에는 지나치게 신경을 쓰지 아니한다는 말.

독수리는 파리를 못 잡는다 소 잡는 칼로 모기 잡지 않듯이, 각자 능력에 맞는 일이 따로 있음을 이르는 말.

죽지 부러진 독수리(매) 날갯죽지가 부러지듯 치명적인 타격을 받고 자기의 힘과 재능을 마음대로 쓰지 못하게 됨을 빗대어 이르는 말.

앵무새

과학자들의 연구 대상이 될 정도로 머리가 좋다?

앵무새(鸚鵡-, parrot)는 300종이 넘는 앵무과에 속하는 새를 두루 일컫는 말로 앵무새라고도 한다. 아열대나 열대지방인 오스트레일리아·뉴질랜드·아프리카·남미·중남미 등지의 반 건조지대 초원이나 숲에서 무리 지어 생활하며, 나무를 기어오를 때는 부리를 보조 도구로 이용한다. 나무 위에 사는 까닭에 땅바닥에서는 어색하게 몸체를 기우뚱거리며 휘적거리는(걸을 때 두 팔을 휘저음) 지게걸음(몸을 좌우로 기우뚱거리며 걷는 걸음)을 한다.

새장에서 키우는 앵무새들은 대부분 오스트레일리아나 남미에서 들여온 것으로 야생종을 길들인(순치) 것이다. 그런데 애완 새로 기르기 위해 남획(마구 잡음)한 탓에 흔전만전(흔하고 넉넉함)했던 야생 앵무새들의 개체(마리) 수가 가뭇없이(감쪽같이) 줄어들어, 외지고 으쓱한 산속에만 많잖게 살아남아 영락없이(틀림없이) 보호대상종이 되고 말았다 한다. 제 닭 잡아먹기인 줄도 모르는 인간들 등쌀(몹시 귀찮게 구는 짓)에 세상에 살아남는 것이 없을 판이다.

앵무새는 몸길이 10센티미터 안팎인 소형에서 99센티미터에 이르는 대형까지 크기가 다양하고, 다리는 짤막하고 가는 편이며, 발가락은 2개는 앞을, 다른 2개는 뒤를 향한다. 부리는 짧고 굵으며, 위 부리가 훨씬 길어 매부리(갈고리) 모양으로 굽었다.

보통 떼 지어 살고(군집생활), 나무 열매·씨앗 종자·버섯·꽃물 따위를 먹으며, 드물게는 곤충도 먹는다. 저절로 생긴 나무 구멍(구새통)이나 딱따구리 둥지, 흰개미 개미탑 따위를 둥지로 써서 새끼를 치지만, 돌 틈새나 나뭇가지에 집단으로 둥우리를 틀기도 한다.

앵무새는 색깔이 곱고 아름다워 세계 여러 나라에서 많이 키울뿐더러 머리가 좋아 계산능력·언어능력·기억력도 적이(꽤나) 뛰어나서 과학자들의 연구 대상이 되고 있다. 앵무새 지능은 먼발치에서도 낯선 사람을 알아채는 까마귀·까치·어치(산까치)와 함께 얼추(대충) 포유류 지능에 맞먹는데, 포유류는 대뇌피질에 지능 중추가 있고, 새들은 전뇌 중간 부위에 있다 한다.

앵무새에게 말을 가르치는 데는 인내와 끈기가 따라야 한다. 먼저 손가락 위에 새를 올려놓고는 입을 가까이 대고, 쉬운 말부터 떠듬떠듬 목청을 돋우어서 반복하여 외울 때까지 가르친다. 이 또한 교육이라 나무를 가꾸듯 참고 기다리지 않으면 안 된다.

여기까지는 모든 앵무새의 전체적인 특징이었다. 다음은 우리나라에서 가장 많이 치는(키우는) 앵무새로, 흔히 일본어로 '잉꼬'라 불리는 '사랑앵무' 이야기다. 이 새는 오스트레일리아가 원산지(동식물이 맨 처음 난 곳)로 그곳의 야생 사랑앵무는 어림잡아 몸길

흔히 '잉꼬'라 불리는 사랑앵무

이 18센티미터, 체중 30~40그램으로 집에서 기르는 것보다 몸피(몸통의 굵기)가 사뭇 작다. 앵무새 중에서 가장 많이 사육(길러짐)되고, 수백의 변종이 있으며, 수명은 17~18년이다.

사랑앵무는 '녹색잉꼬'라고도 하며, 세계적으로 개, 고양이 다음으로 사랑받는 동물이다. 몸 색깔은 변이가 많아 연두나 노랑, 하얀 빛을 띠고, 몸매는 유선형으로 다부지고 날쌔게 생겼다. 또록또록한 눈알에 뾰족한 칼깃의 날개와 꼬리, 독특한 깃털 빛깔을 가졌다. 끝이 점점 가늘어지는 긴 날개와 꼬리는 민첩하고 화려한 비행(날기)을 가능케 한다.

사랑앵무는 널따란 방에서 기르는 것이 옳지만 새장에서 기르더라도 되도록 큰 것이 좋다. 잉꼬는 짓궂게도 놀기를 좋아하니 장난감을 넣어주고, 마실 물과 줄기가 딱딱한 푸성귀(채소)도 주며, 칼슘 보충으로 굴 껍데기나 갑오징어 뼈를 철사로 고정시켜 매달아준다. 한때 필자도 새와 선인장에 미쳐 여러 종류를 키운 적이 있는데 모두 다 사육 본능이 발로(드러남)한 때문이다. 흔히 동물을 사랑하는 사람치고 악한 사람이 없다고들 하지 않는가.

말은 앵무새지 그럴듯하게 말은 잘하나 실천(생각한 바를 실제로 행함)이 없는 사람을 이르는 말.

새장에 갇힌 앵무새 자유를 구속당하고 갇혀 있는 처지를 비유한 말.

앵무새는 말 잘하여도 날아다니는 새다 앵무새는 비록 사람 시늉을 내어 말을 할지라도 한낱 새에 불과하다는 뜻으로, 말만 번지르르 잘하면서 실행이 따르지 아니하는 사람을 비꼬아 이르는 말.

참새

늘 폴짝폴짝 뛰어서 다닌다고?

참새(황작, 黃雀, sparrow)는 세계적으로 20여 종이 있고, 한국·중국·일본 등 동아시아와 유럽 전역에 살며, 북미 대륙이나 독일 등지에도 이입(옮겨 들어감)되었다. 우리나라에는 '참새'와 '섬참새' 2종이 살고 있는데 섬참새는 울릉도와 제주도 한라산에서 살며, 겨울에는 동해안이나 남해 연안 섬에서 목격(눈에 직접 보임)될 따름이다. 섬참새는 참새와 견주어 서로 엇비슷하지만 참새보다 좀 작아 13센티미터 정도이고, 뺨에 검은 반점이 없는 것이 다르다.

참새는 참새목, 참새과의 조류(새)로 주로 인가 근처에서 군서(한 곳에 무리지어 삶)한다. 몸길이 14.5센티미터, 날개 편 길이 20센티미터 남짓에 몸무게 24그램 안팎이고, 머리는 짙은 갈색이며, 등은 갈색에 검은 세로줄 무늬가 나 있다. 눈 밑의 얼굴은 희고, 턱밑과 뺨은 검으며, 배는 흐린 흰색이다.

참새는 초가지붕 처마·기와집 틈새·버려진 까치 둥지·제비집·나무 구새통 같은 것에 둥지를 튼다. 잡식성이라 보통 때는 곡식 낟알과 풀씨·나무 열매들과 딱정벌레·나비·메뚜기 따위를 잡아먹지만 새끼에게는 모두 단백질 덩어리인 벌레만 먹인다.

땅바닥에선 걷는 법이 없이 늘 두 다리를 모아 폴짝폴짝 뛴다. 그래서 "걷는 참새를 보면 그 해에 대과를 한다."는 속담이 생겼다. 참새가 걷는 것을 보면 등과(과거에 합격함)를 한다는 뜻으로, 희귀한 일을 보면 운수가 좋다는 말이다. 한편으론 소심한 성격이나 그런 사람을 '참새가슴'이라 한다.

참새

섬참새

자고이래로(예로부터 내려오면서) 가을 들판에서는 시끌벅적 들끓는 참새 쫓기에 질릴 정도로 숨 쉴 틈 없이 바쁘다. 이제 막 물오르기 시작한 벼 이삭을 허옇게 쭉쭉 빨아버리니 그냥 두면 헛농사다. 허수아비를 여기저기 세우고, 그것도 부족해서 새끼줄을 논두렁 따라 죽 치며, 구석구석에 깡통을 주렁주렁 매달아 딸랑딸랑 줄을 당기고, 허겁지겁 꽹과리나 깡통을 귀먹을 정도로 땅땅 두드리며 엄포(호령이나 위협으로 으르는 짓)를 놓아 쫓는다.

쌀은 한자어로 미(米)인데, 쌀 한 톨을 얻는 데 여든여덟 번 손이 간다는 뜻이다. 米자를 파자(한자의 자획을 풀어 나눔)하면 十자를 중심으로 위에 뒤집어진 八자가 있고, 아래에 八자가 있어 八十八이 된다. 그래서 여든여덟 나이를 미수(米壽)라 하는 것도 일리가 있다. 태어나 쌀죽(미음)으로 시작하여 죽으면서 입안에 한가득 머금고 가는 쌀이 아니던가! 입안에 흰쌀을 넣는 것은 저승에 가서 이승에 있던 일을 말하지 못하게 입막음하는 것이란다. 암튼 쌀은 그저 쌀이 아니다. 조상의 넋과 혼백이 배였다!

너무 들끓어 사람을 귀찮게 했던 참새가 요즘은 확 줄어버렸다. 주요 번식처인 초가집이 다 헐렸고, 제초제와 농약에 곤충이 사라진 탓이다. 이렇게 '집과 먹이'를 몽땅 잃었으니 줄어들 수밖에 없다. 그런데도 모질고 끈질긴 생명력을 발휘하는 오달지고 옹골찬 참새가 너무 가상하다. 이제껏 쉽사리 씨가 마르지 않고 꽤나 남아 있기에 말이다. 굳세어라 참새야!

참새 떼 덤비듯 한꺼번에 우르르 덤벼드는 모양을 비꼬는 말.

참새 물 먹듯 음식을 조금씩 여러 번 먹는 모양을 빗대어 이르는 말.

참새(제비)가 작아도 알만 잘 깐다 몸은 비록 작지만 큰일을 감당(능히 해냄)해 내다.

참새가 방앗간(올조밭)을 그저 지나랴 이끗(이익이 되는 실마리)이나 좋아하는 것을 보고 좀체 가만있지 못할 때를 빗댄 말. '올조'란 제철보다 일찍 여무는 조로 올벼, 올보리 등으로 쓴다.

참새가 아무리 떠들어도 구렁이는 움직이지 않는다 실력이 없고 변변치 아니한(보잘것없는) 무리들이 아무리 떠들어대더라도 실력 있는 사람은 이와 맞붙어 다투지 아니한다는 말.

참새가 왕거미 줄에 걸린 것 같다 똑똑한 체하던 사람이 뜻하지 않은 수에 걸려들어서 헤어나지 못하게 됨을 빗대어 이르는 말.

참새가 죽어도 짹 한다 아무리 약한 것이라도 너무 괴롭히면 한사코 대항한다는 말.

참새를 볶아 먹었나 말이 빠르고 몹시 재잘거리기 잘하는 것을 비꼬아 이르는 말.

박쥐

날개를 가진 괴짜 포유류

박쥐(편복, 蝙蝠, bat)는 참 특이하게 진화(적응)한 동물로 우리나라에 24종이 살고 있고, 짐승(포유류)이면서 날개를 가진 유일한 괴짜 동물이라 하겠다. 박쥐목, 익수류(翼手類)에 속하는데 앞다리를 쭉 펴면 날개(翼)를 가진 새 꼴이 되고, 싹 오므리면 손(手)을 가진 쥐(짐승) 꼴이 된다.

'박쥐의 두 마음'과 엇비슷한 '박쥐구실'이란 말이 있다. 중국 우화에 "봉황새를 축하하는 새들의 모임에 유독 박쥐만이 오지 않았다. 봉황새가 박쥐를 불러 야단치자 박쥐는 네 발 짐승인 내가 왜 새

관박쥐

들 모임에 참석하느냐며 변명(발뺌)을 했다. 그 뒤에 기린 생일을 축하하는 짐승들의 잔치에 역시 박쥐만이 나타나지 않았다. 기린이 박쥐를 불러 나무라자 이번에는 날개 달린 새란 구실(이유)을 대며 변명을 했다."는 이야기가 있다.

박쥐의 비행

어둑발(어두운 빛살)이 내리기 시작한 먹빛 여름밤 하늘 저편에 홀연히 오르락내리락, 좌우로 후륵후륵 휘적거리는 박쥐들의 날갯짓이 시작된다. 그놈들의 군무(떼춤)에 정신이 아뜩해지면서(정신이 어지러워 까무러칠 듯함) 머리털이 바짝 치솟고, 섬뜩한 느낌이 든다. 반딧불이와 함께 지천(至賤, 매우 흔함)으로 날아다녔건만 이윽고 눈을 닦고 봐도 코빼기도 볼 수가 없게 되었으니 미구에(머잖아) 절멸(멸종)하는 건 아닌지 모르겠다.

박쥐는 온혈(정온)동물이고, 새끼를 젖으로 키우는 포유동물(젖먹이동물)이라 몸에 털이 난다. 또한 청맹과니(눈뜬장님)라 눈은 있으나 마나 하고, 귓바퀴가 무척 커서 그것으로 외부 자극을 받아들인다. 그들은 우리가 듣지 못하는 초음파를 사방으로 쏘아서 딴 물체에 부딪쳐 되돌아오는 소리를 감지(느끼어 앎)하여 먹이를 잡고, 서로를 알아채며, 천적이나 장애물을 피한다.

박쥐 날개는 새 날개와는 사뭇 다르다. 새 날개는 앞다리가 변한 것이지만 박쥐는 앞다리에서 생긴 얇고 넓은 비막(비행하는 막)이 뒷다리에서 꼬리까지 이어져 있어 공중을 퍼드덕퍼드덕 난다. 그리고 박쥐는 거미처럼 거꾸로 매달려서 똥도 싸고, 새끼도 낳는다고 하니 괴팍한(까다롭고 별남) 습성을 가졌다. 암튼 박쥐 뒷다리에도 5개의 발가락에 낚시 모양의 발톱이 있어 나뭇가지나 동굴 벽 같은 곳에 힘들이지 않고 매달린다.

늦여름부터 초가을에 교미(짝짓기)하여 이듬해 초여름에 1~2마리의 새끼를 낳는데 새끼들은 생후 3~4일간은 어미 가슴팍에 달라붙어 있지만, 그 뒤 어미가 먹이를 구하러 나갈 때에는 새끼들은 보금자리에 남는다.

중국이나 우리나라 모두 박쥐를 영물(영리한 짐승을 신통히 여겨 이르는 말)로 칠 뿐더러 장수(오래도록 삶)나 복과 관련된 장식(꾸밈새) 문양(무늬)에는 언제나 박쥐가 등장한다. 열대지방에 사는 박쥐의 똥을 '구아노(guano)'라 하여 동굴 속에 수십 톤씩 쌓여 있는 것을 걷어다 비싼 비료로 쓴다. 그리고 중국에 '모기눈알요리'가 유명한데, 유독 모기 눈알은 박쥐 뱃속에서 소화되지 않고 똥에 그대로 나오는지라 똥을 체로 걸러 얻는다. 사실 우리도 별반 다르지 않지만, '하늘의 비행기, 바다의 잠수함, 교실의 책걸상' 빼고는 다 먹는다는 먹새(먹성) 좋은 중국인들이다.

박쥐구실 새 편에 붙고 쥐 편에 붙다 북한어로, 낮에는 쥐가 되고 밤에는 새가 되는 박쥐처럼 환경에 따라 구실(맡은 바 책임)을 바꾼다는 말. 자기에게 유리하다면 이쪽에도 붙고 저쪽에도 붙는 행동을 가리킨다.

박쥐의 두 마음 우세한(힘이 센) 쪽에 붙는 기회주의자(처음부터 끝까지 한결같지 못하고 그때그때의 정세에 따라 이로운 쪽으로 행동하는 사람)의 교활(간사하고 꾀가 많다)한 마음을 이르는 말.

사슴

해마다 뿔 갈이를 하는 반추동물

사슴(녹, 鹿, deer) 무리는 소목, 사슴과의 반추동물(되새김동물)로 세계적으로 150종이 넘고, 남극과 호주를 제외하고는 세계 어디에도 두루 산다. 작은 발굽(hoof)이 있으며, 2개의 굽을 갖기에 우제류(偶蹄類)라 한다. 말처럼 굽이 1개인 무리를 기제류(奇蹄類)라 한다. 대부분 눈 아래쪽과 발굽 사이, 또 다리에서 냄새를 풍기는지라 이 샘들에서 나오는 분비물을 풀이나 땅바닥에 문질러서 그 냄새로 종을 구분하고, 영역표시도 한다.

소처럼 4개의 방으로 된 반추위(되새김위)를 가져 먹이를 되씹으며, 대부분 수놈들은 뿔이 난다. 사슴 무리는 껑충껑충 달리기도 잘하고, 수영도 선수며, 순수 초식성이라 지방 소화에 관여하는 쓸개(담낭)가 없다.

다음은 우리나라 사슴의 대명사인 대륙사슴 이야기다. 우리나라 사슴과 동물에는 대륙사슴·노루·사향노루·고라니 등이 있고, 대륙사슴은 몸에 흰 반점(얼룩점)이 있어 '꽃사슴'이라 부른다. 고졸(예스럽고 소박한 멋)한 느낌을 주는 이 동물은 안타깝게도 일제강점기에 해로운 짐승들을 없앤다는 명목(이유)으로 철퇴(쇠몽둥이)를 맞았을 뿐만 아니라 녹용을 노리는 밀렵(허락 없이 몰래 사냥함)으로 남한에서는 1921년 제주도에서 잡힌 것이 마지막이었다 한다. 그 때문에 현재 국내에서 사육되는 꽃사슴은 모두 수입한 것들로, 역시 늑대가 없어진 일본에서도 그 마리 수가 늘어나 솎아내느라 되레 골치를 앓을 정도라고 한다.

대륙사슴(꽃사슴)

고라니

사향노루

대륙사슴은 한국·일본·만주 등 동북아시아에서만 서식한다. 여름털은 갈색에 작은 흰 무늬가 촘촘한 것이 또렷하지만 겨울에는 그것이 사라지며 회갈색이 된다. 그리고 우리나라 꽃사슴이 일본이나 대만산보다 반점이 훨씬 뚜렷하다.

이들은 유난히 긴 모가지를 치켜들고 '놀란 토끼 눈'을 하고선 오도카니 서서 사방을 쳐다보는가 하면, 목청을 돋워 휘파람 소리도 내고 고함도 지르는데, 툭하면 엉덩이를 위로 올려 들고 버럭버럭 날뛴다. 새삼스럽게 고등학교 때 외웠던 노천명의 "목아지가 길어서 슬픈 짐승이여/ 언제나 점잖은 편 말이 없구나/ 관(冠)이 향기로운 너는/ 무척 높은 족속이었나 보다."라는 「사슴」 시가 떠오르는구려!

꽃사슴은 사람 자취가 드문 산에서 살고, 먹이는 주로 풀이나 나뭇잎, 연한 싹을 먹지만 먹잇감이 없으면 나무껍질·밤·도토리·이끼·버섯도 먹는다. 노루보다 조금 큰 것이 수컷은 암컷보다 커 몸길이 90~190센티미터, 어깨 높이 70~130센티미터, 몸무게 50~130킬로그램 정도다. 발정기에는 비로소 수컷의 목에 길고 센 갈기가 생긴다. 일반적으로 수컷과 암컷은 한동안 다른 무리를 지어 지내다가 교미기(짝짓기 철)에 일시적으로 만난다.

다 자란 사슴뿔(녹용)은 보통 네 갈래로 가지치기를 하고, 해마다 4~5월에 뿔 밑자리에서 떨어져 나간다. 그 후 곧 그 자리에서 새로운 뿔이 자라기 시작하니 이는 벨벳 모양의 부드러운 털이 난 피부로 덮이지만 다 자라면 겉면이 탄력(팽팽하게 버티는 힘)을 잃으면서 말라 떨어진다. 참고로 날랜 솜씨나 묘한 방법을 표현하는 말인 '용빼는 재주'의 '용'은 바로 이 '녹용'을 뜻한다.

간단히 보아 우리나라 사슴 무리 중에서 사향노루와 고라니는 위턱 송곳니인 엄니(크고 날카롭게 발달한 포유류의 이빨)가 발달하고, 꽃사슴과 노루는 뿔이 있다. 그러니 "뿔을 준 자에겐 이빨을 주지 않는다."는 말은 이 동물들에서 나왔을 듯하다. 또 "날개를 준 자에겐 발 두 개만 준다."고 했으니 세상만사 공평하기 짝이 없도다!

녹비에 가로 왈 자 주견(주장) 없이 처신하여 일이 이리도 되고 저리도 되는 것을 이르는 말. 바꿔 말하면 녹비(사슴 가죽)는 유연성(딱딱하지 아니하고 부드러운 성질)이 좋아 거기에다 '가로 왈(曰)' 자를 써놓고선 세로로 잡아당기면 '날 일(日)' 자로 바뀌고, 가로로 늘이면 '가로 왈' 자가 되기에 이런 말이 생겼다 한다. 그리고 '녹피(鹿皮)'가 원음(글자 본디의 음)이지만 이것이 변하여서 '녹비'가 되었다고 한다.

닫는 사슴을 보고 얻은 토끼를 잃는다 지나치게 욕심을 부리다가 도리어 손해를 봄을 이르는 말. 여기서 '닫는'은 '달리는'이란 뜻이다.

지록위마(指鹿爲馬) 사슴을 가리켜 말이라 한다는 뜻으로, 윗사람을 농락(제 마음대로 놀리거나 이용함)하고 권세를 함부로 부리는 것을 빗댄 말.

노루

농부들을 애태우는 가녀린 길짐승

노루(장, 獐, roe deer)는 소목, 사슴과 동물로 한국·중국·몽골·러시아·카자흐스탄 등지에 널리 분포하며, 우리나라에는 전국 산림지대에 서식(자리 잡고 삶)한다. 목이 길고, 귀가 아주 크며, 어깨 높이 65~75센티미터, 체중 15~30킬로그램이다. 가을엔 두꺼운 겨울털로 바꾸는 털갈이를 하는데 그때 엉덩이에 희끄무레한 심장 꼴 무늬가 나타나면 암컷(♀)이고, 콩팥 꼴이면 수컷(♂)이다. 그리고 노루 꼬리는 고작 2~3센티미터에 지나지 않으니 "동지섣달 해는 노루 꼬리만 하다"라고 하는 것.

20~25센티미터나 되는 곧추선 뿔은 수컷에만 있는데 뿔 끝은 3개의 짧은 가지를 치며, 오래된 뿔은 가을이나 초겨울에 빠지고 바로 새로 난다. 산에서 주운 낙각(떨어진 노루 뿔)에 곳간 열쇠를 달아 놓기도 했고, 빈혈기가 있으면 뿔을 우려먹기도 했다.

노루는 일부일처제로 어쩌다가 짝을 잃는 날이면 그 근처를 떠나지 않고 며칠을 울며 돌아다닌다고 한다. 동물도 정이 있어서……. 노루 수놈의 텃세 부리기는 알아준다. 오줌똥을 깔겨 구리고 지린내를 풍기거나, 사방에 풀을 물어뜯어 흩어놓아 영역표시를 한다. 녀석들은 몹시 위급하면 산이 떠날 듯이 개 짖는 소리를 낸다.

8~9월에 짝짓기하고, 다음 해 1월에 수정란이 착상(자궁벽에 붙음)하니, 노루는 발굽동물 중에서 유일하게 지연착상을 한다. 다시 말해서 수정란이 바로 자궁에 착상하지 않고 영양 상태나 기후 조건이 최적일 때 착상한다. 임신기간은 270~290일이고, 새끼 수는 1~3마리며, 수명은 자그마치 10~12년이다. 호랑이·표범·곰·늑대·독수리가 천적이지만 이런 포식자가 잘 없기에 고라니나 노루도 멧돼지처럼 그 마리 수가 엄청 늘어 곡식을 축내는 탓에 농부들을 애태우게 한다.

한번에 6~7미터를 껑충 뛸 정도의 빠른 질주력을 가진다. 허겁지겁 달려가다가도 엉거주춤 한자리에 우두커니 서서 귀를 쫑긋

노루

세우고, 목을 길게 치켜 빼고는 사방을 멀뚱멀뚱, 힐끔거리는 버릇이 있다. 그리고 노루나 고라니도 말처럼 순수 초식성이라 쓸개(담낭)가 퇴화하여 없다.

한편 '노루발'이란 과녁에 박힌 화살을 뽑는 도구나 재봉틀의 바늘이 오르내릴 때 바느질감을 눌러주는, 두 갈래로 갈라진 부속품을 이르며, 한쪽은 뭉뚝하여 못을 박고 다른 쪽은 넓적하고 둘로 갈라져 있어 못 빼는 데 쓰는 연장(도구)을 '노루발장도리'라 한다. 또 어설프고 격에 맞지 않는 꿈 이야기를 '노루잠에 개꿈'이라 하고, 노루가 걷는 것처럼 겅중겅중 걷는 걸음을 '노루걸음'이라 말한다. 장일남 작곡, 한명희 작사 가곡의 「비목」 가사에 나오는 '궁노루'란 사향노루를 말한다. "궁노루 산울림 달빛 타고/ 달빛 타고 흐르는 밤/ 홀로 선 적막감에 울어 지친/ 울어 지친 비목이여……."

꿩 잡으러 갔다가 노루 잡는 격 어떤 것을 얻으려다가 뜻밖에 더 좋은 것을 얻게 되다.

노루 꼬리만 하다 매우 짧다.

노루 때린 막대기 삼 년 우린다 어쩌다가 노루를 때려잡은 막대기를 가지고 늘 노루를 잡으려고 한다는 뜻으로, 요행을 바라거나 지난날의 수단 방법을 가지고 지금에도 적용(맞추어 씀)하려는 어리석음을 비꼬아 이르는 말.

노루 뼈 우리듯 우리지 마라 한 번 보거나 들은 이야기를 두고두고 되풀이함을 나무라듯 이르는 말.

노루 잠자듯 선뜻 깊게 잠들지 못하고 선잠 자는 것을 빗대어 이르는 말.

노루 잡는 사람에 토끼가 보이나 큰일을 꾀하는 사람에게 하찮고 사소한 일은 눈에 차지 않음을 이르는 말.

노루 피하니 범이 온다 일이 점점 더 어렵고 힘들게 되다.

노루가 제 방귀에 놀라듯 남몰래 저지른 일이 염려(걱정)되어 스스로 겁을 먹고 대수롭지 아니한 것에도 놀람을 비꼬아 이르는 말.

다리 부러진 노루 한곬(한자리)에 모인다 처지나 취미가 같은 사람들끼리 한데 모인다는 말.

불 맞은 노루 총에 맞은 노루라는 뜻으로, 무엇에 혼이 나서 어쩔 바를 모르고 날뛰는 처지를 이르는 말.

선불 맞은 노루 모양 선불(급소에 맞지 아니하고 빗맞은 총알)을 맞아 혼이 난 노루가 마구 날뛰는 모양을 빗대어 이르는 말.

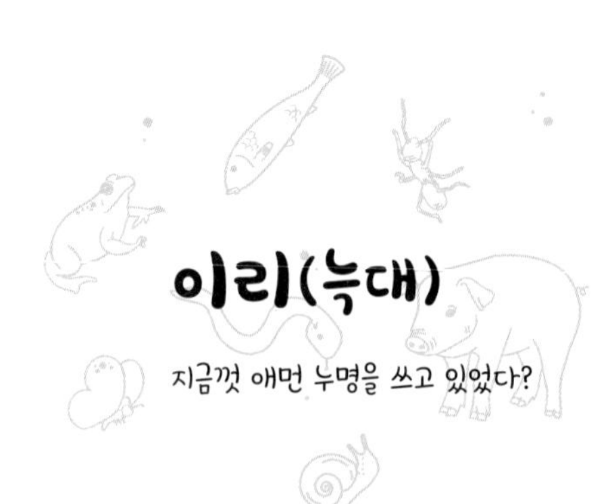

이리(늑대)

지금껏 애먼 누명을 쓰고 있었다?

미리 말하지만 '늑대'의 다른 이름이 '이리'다. '호랑이'의 딴 이름이 '범'이듯 말이다. 또 '늑대'를 여자에게 음흉한 마음을 품은 난봉꾼(바람둥이) 남자에 비유하는데 이리는 일부일처제(한 남편이 한 아내만 두는 혼인 제도)로 사실 자연계에서 몇 안 되는, 죽을 때까지 절개를 지키는 동물이다. 그러니 지금껏 애먼 늑대만 누명(사실이 아닌 일로 이름을 더럽히는 억울한 평판)을 썼었군.

늑대(랑, 狼, wolf)는 식육목, 개과에 들고, 늑대를 개의 조상으로 본다. 개와 늑대의 미토콘드리아디엔에이(mtDNA)가 0.2퍼센트밖에 차이가 없고, 유전적인 차이는 1.8퍼센트로 매우 비슷하다. 그러기에 암컷 늑대와 수캐 사이에서 잡종이 생긴다.

늑대는 세계적으로 40여 아종(분류 단계에서 종의 바로 아래에 있으면서 한 종으로 독립할 만큼 차이 나지는 않지만 서로 다른 점이 많고 사는 곳이 차이 나는 한 무리의 생물로, 아종끼리는 서로 번식이 가능함)이 있으며, 그중에는 위기종이거나 멸종된 것도 있다. 검거나 흰 늑대도 있지만 대부분의 늑대는 회색늑대로 수컷이 43~45킬로그램, 암컷은

36~39킬로그램이고, 몸길이 130센티미터, 어깨 높이 60~70센티미터로 셰퍼드를 천생(아주) 닮았다. 코는 뾰족하고, 머리는 넓적하며, 눈은 비스듬히 붙었고, 귀는 빳빳이 곧추섰으며, 꼬리엔 긴 털이 부숭부숭 났고, 꼬리는 발뒤꿈치까지 늘어졌는데 무엇보다 꼬리를 항상 아래로 내려놓고 있는 것이 개와 다른 점이다.

신변(몸과 몸의 주위)이 위험하다 싶으면 갈기(목덜미에 난 긴 털)와 등줄기의 털을 비쭉 세우고, 윗입술을 감아올려 하얀 빼드렁니를 드러낸 채 꼬리를 뒷다리 사이에 끼우고 노려본다. 헌데 그렇게 사나운 늑대도 만일에 사람한테 잡히면 약삭빠르게도 갑자기 온순해지면서 대뜸 드러누워 고개를 치켜들고 꼬리를 살래살래 흔든다고 하니, 교활(간사하고 꾀가 많음)하기가 여우 뺨칠 녀석이다.

이리(늑대)

위급한 일이 생겼거나 무리를 모아야 할 때는 공포의 울부짖는 소리를 3~11초가량 내지른다. 텃세 부리기는 냄새 뿌리기, 대소변 지리기(깔기기), 땅파기, 울부짖기로 한다. 한 마리의 수컷이 보통 5~11마리를 이끌며, 모든 권력을 행사한다. 암컷은 늙어 죽을 때까지 생산하는데 1년에 한 번 꼴로 보통 한배에 5~6마리를 낳고, 젖 떨어지기 전에 어미가 죽으면 다른 암놈이 젖을 먹이는 매우 이타적(자기의 이익보다는 남의 이익을 더 꾀하는)인 동물이다.

우리나라에서 야생에서 생포된 늑대는 1980년 경북 문경의 것이 마지막이었다 하며, 일본은 이미 1905년경에 멸종되었다 한다. 우리나라에서 늑대가 사라지고 만 것은 6·25전쟁에서 찾아야 하고, 또한 털이나 가죽을 쓰기 위해 남획한 것도 멸종을 불렀다.

어느 세월에 이들을 제자리로 돌려놓는단 말인가. 아쉽고 통탄스런 일이지만 지난 역사에서 교훈을 얻어야 한다. 역사에서 깨우치고 느끼지 않으면 그런 궂은일을 반복하게 되는 법! 그래서 역사는 훌륭한 스승이라 한다. 이 세상은 사람만 사는 곳이 아님을 명심할지어다.

늑대는 늑대끼리 노루는 노루끼리 처지나 이해관계가 비슷한 사람끼리 서로 모이고 사귀게 되는 유유상종(같은 무리끼리 서로 사귐)을 이르는 말.

이리 떼 달려들듯 못된 것들이 그 본성을 감추지 아니하고 사방에서 달려듦을 빗대어 이르는 말.

이리 떼 틀고 앉았던 수세미 자리 같다 어수선한 자리를 빗대어 이르는 말.

이리 떼를 막자고 범을 불러들인다 하나의 위험을 면하려고 하다가 더 큰 위험에 직면(어떤 일을 직접 당함)하는 경우를 이르는 말.

이리 앞의 양 무서운 사람 앞에서 설설 기면서 꼼짝 못 하는 처지를 비유하여 이르는 말.

이리가 양으로 될 수 없다 나쁜 본성은 바꿀 수 없다.

이리가 짖으니 개가 꼬리 흔든다 모양이나 형편이 서로 비슷하고 인연이 있는 것끼리 서로 잘 어울리며 감싸주기 쉬움을 빗대어 이르는 말.

이리를 피하니 범이 앞을 막는다 어려운 상황을 가까스로 피하고 나니 그보다 더 힘든 일이 닥치다.

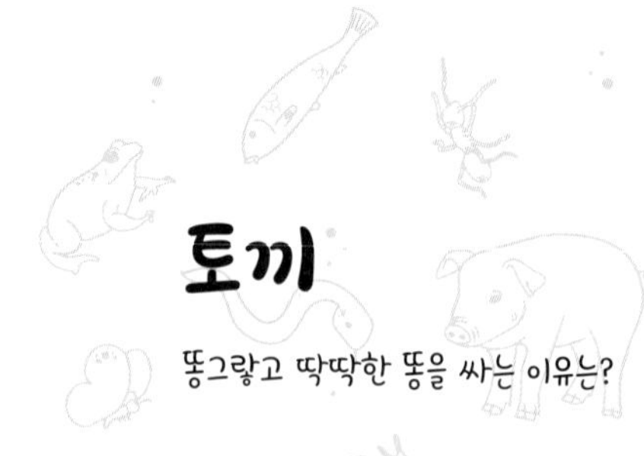

토끼

똥그랗고 딱딱한 똥을 싸는 이유는?

산토끼(山--, hare)는 토끼목, 토끼과의 포유동물로 특히 어린이들에게서 귀여움을 받는다. 소리를 낼(지를) 줄 모르며, 10센티미터나 되는 큰 귀를 가진다. 그래서 토끼 몸통을 잡지 않고 바로 이 귀를 움켜쥐고 옮긴다. 윗입술이 세로로 짜개졌기에 사람에서 '언청이'라 부르는 '순열(脣裂, 입술갈림증)'을 영어로 'harelip'이라 하고, '분해서 매섭게 쏘아 노려보는 눈'을 '토끼 눈'이라 한다. 또 서양에서 보통 새끼 토끼를 버니(bunny)라 부른다.

산토끼

토끼는 길고 힘센 뒷다리를 가졌으니, 고개 치켜들고 두리번두리번 서슴거리다가 냅다 뒷다리를 뻗대고는 꽁지 빠지게 내달리는 날쌘 뜀박질 선수가 산토끼다. 뒷다리가 앞다리보다 훨씬 길어 오르막엔 식은 죽 먹기로 뛰어오르지만 내리막에는 젬병(형편없음)이라 토끼몰이는 산 위에서 아래로 한다.

흔히 쥐 무리와 토끼 무리를 묶어 설치류라 하는데 실은 둘이 좀 다르다. '설치'란 말은 "이빨로 갉는다."는 뜻으로 설치류(齧齒類)는 쥐 무리를 뜻하며, 쥐는 앞니가 위아래 각각 한 쌍씩이다. 하지만 토끼는 쥐처럼 위아래에 각각 한 쌍의 크고 긴 앞니가 있고, 위턱 안쪽에 작고 짧은 이가 두 개 더 있어 중치류(重齒類)라 부른다. 설치류(쥐)는 이빨 끝이 예리하면서 평생 자라지만 중치류(토끼)는 작고 뭉툭하면서 자라지 않는다.

전 세계에는 30여 종의 토끼가 있고, 그것을 크게 둘로 나눈다.

집토끼

곧 굴을 파고 새끼를 낳는 굴토끼인 '집토끼(rabbit)' 무리와 굴을 파지 않고 맨땅에 낳는 멧토끼인 '산토끼(hare)' 무리로 나눈다. 집토끼는 어미가 굴을 파서 그 안에다 보드라운 풀을 구겨 넣고선 제 털을 뽑아 깔아 새끼를 낳는데, 새끼는 눈을 뜨지 못하고 털도 나지 않아 새빨간 맨살로 옴짝달싹도 못 한다. 산토끼는 땅바닥에 적당히 터를 닦아 새끼를 낳는데, 새끼는 조숙하여 태어나자마자 눈 뜨며, 벌써 털이 났고, 얼마 후엔 기어 다닌다.

하얀 집토끼 눈알이 붉은 것은 안쪽 망막 핏줄에 검은 멜라닌색소가 없어서 거기에 흐르는 빨간 피 색이 반사되어 그렇게 보이는 것(알비노)이고, 홍채(눈조리개)도 투명하기에 안쪽이 고스란히 새빨갛게 비춰 보인다.

토끼 똥은 우리가 흔히 보는 딱딱한 검은 환약(알약) 같은 된똥이지만, 실제로 검고 끈적끈적한 묽은 똥도 있다. 괴이하게도 토끼는 물기 많은 물찌똥을 도로 주워 먹는다. 점액성 대변인 물찌똥을 토끼가 지체(질질 늦추거나 끎) 없이 후딱 먹어버리니 우리 눈으로 보기 어렵다. 그 묽디묽은 똥은 맹장에서 4~8시간 걸려 발효한 것으로 그것을 다시 주워 먹어서 재차 위와 소장에서 깡그리 소화시킨다. 다시 말해서 맹장에서 1차 소화시킨 것을 다시 위장에서 소화시킨다는 것! 연한 변을 재차 소화시켰기에 코코볼(시리얼) 꼴로 똥그랗고 딱딱해진다. 토끼 똥은 한약재로 많이 쓰인다.

바다에 가서 토끼 찾기 도저히 불가능한 일을 하려고 애쓰는 어리석음을 비꼬아 이르는 말.

범 없는 골에 토끼가 스승(왕)이라 뛰어난 사람이 없는 곳에서 보잘것없는 사람이 득세한다는 말.

산토끼를 잡으려다가 집토끼를 놓친다 지나치게 욕심을 부리다가 이미 차지한 것까지 잃어버리게 된다는 말.

어스렁토끼 재를 넘는다 어슬렁어슬렁 굼뜨게 행동하는 것 같으면서도 실상은 재빠르게 행동한다는 말. '어스렁토끼'란 북한 말로 '굼뜬 토끼'를 가리킨다.

토끼가 제 방귀에 놀란다 남몰래 저지른 일이 염려되어 스스로 겁을 먹고 대수롭지 아니한 것에도 놀란다는 말.

함정에 빠진 토끼 빠져나올 수 없는 곤경에 처하여서 마지막 운명만을 기다리고 있는 처지를 이르는 말.

호랑이를 잡으려다가 토끼를 잡는다 시작할 때는 크게 마음먹고 훌륭한 것을 만들려고 하였으나 생각과 다르게 초라하고 엉뚱한 것을 만들게 됨을 비꼬아 이르는 말.

토사구팽(兎死狗烹) 토끼가 죽으면 토끼를 잡아 온 사냥개도 삶아 먹는다는 뜻으로, 필요할 때는 쓰고 필요 없을 때는 야박(인정이 없음)하게 버림을 이르는 말. 비슷한 말이 있으니 조진궁장(鳥盡弓藏)이란 새를 다 잡고 나면 활을 광에 넣어둔다는 뜻이고, 득어망전(得魚忘筌)이란 물고기도 잡고 나면 가리(통발)를 버린다는 뜻이다.

말

처음엔 몸집이 큰 개만 했다?

중국 전한 때 회남왕이 편찬한 책『회남자』에 나오는 이야기다.

북쪽 변방(새, 塞)에 점을 잘 보는 늙은이(옹, 翁)가 살고 있었다. 이 늙은이에겐 말이 한 마리 있었는데 당시 말은 귀한 재산이었다. 하루는 말이 아무 까닭 없이 도망쳐 오랑캐들이 사는 국경 너머로 들어갔는데, 마을 사람들이 찾아와 동정하며 위로하자 이 늙

몽골 야생 말

은이는 "이것이 어찌 복이 될 줄 알겠소." 하고 걱정이 없었다. 또 하루는 도망쳤던 말이 오랑캐의 말 한 필을 데리고 돌아와 사람들이 횡재를 했다면서 축하하자 늙은이는 "그것이 어떻게 화가 되라는 법이 없겠소." 하며 조금도 기뻐하는 기색(티)이 없었다. 그런데 그의 아들이, 데리고 온 말을 타고 들판으로 마구 돌아다니다가 그만 말에서 떨어져 다리를 다치고 말았다. 아들이 장애를 갖게 된 것을 사람들이 안타까워하자 늙은이는 "그것이 복이 될 줄 누가 알겠소." 하였다. 그럭저럭 1년이 지나 오랑캐가 국경을 넘어 침략했다. 그리하여 장정들 열에 아홉은 죽었는데 늙은이의 아들은 다리를 절어 소집되지 않고 무사할 수 있었다.

이렇게 인생의 운명은 항상 바뀌어 섣불리 헤아릴 수가 없다는 말을 새옹지마(塞翁之馬)라 한다.

말(마, 馬, horse)의 조상인 에오히푸스(Eohippus)는 몸집이 큰 개만 했고, 발굽이 앞다리엔 4개, 뒷다리엔 3개였으며, 어금니도 아주 간단했다. 그런데 오늘날은 몸집이 1톤에 가까워졌고, 발굽은 모두 하나로 바뀌었으며, 어금니도 크고 매우 복잡해졌다. 그지없는 긴 세월 동안 줄곧 진화하여 이렇게 거듭나게 되었다.

에오히푸스의 뼈대

말은 아주 예민한 동물로 뭍(땅)에 사는 포유동물 가운데 가장 눈(알)이 커서 350도 정도로 온 사방을 둘러볼 수 있고, 또 귀(귓바퀴)를 쫑긋 세워 180도 돌릴 수 있어서 머리를 움직이지 않고도 소리를 귀담아들을 수 있다. 말은 서서도 자지만 가끔은 숙면에 들기 위해 드러눕기도 한다. 임신기간은 335~340일이며, 보통 한배에 한 마리를 낳는다.

말은 육상 포유동물 중에서 꽤나 큰 편이라, 이를테면 멀대(키가 크고 멍청한 사람)같이 큰 여자아이를 비꼬아 '말만 한 계집아이'라 한다. 물론 '말매미'나 '말거머리'도 그들 총중(한 떼의 가운데)에서 제일 큰 놈들을 이른다.

현재 살고 있는 말의 학명(學名, 학술의 편의를 위하여 생물에 붙이는 이름으로 라틴어를 사용함)은 *Equus caballus*인데, 속명 *Equus*나 종명 *caballus*는 모두 다 '짐 싣는 말'이란 뜻이다. 사람들이 몰고 다니는 아주 우람하고 묵직한 현대자동차의 에쿠스(Equus)는 '네 바퀴 달린 말'을 뜻한다. 그리고 말가죽으로는 구두·장갑·야구공·야구 글러브를, 발굽으로는 아교(접착제)를 만든다.

초식동물엔 먹이를 되새김위(반추위)에서 소화시키는 동물과 대장(맹장)에서 분해하는 동물이 있으니 말은 후자에 속한다. 희한하게도(매우 드물거나 신기함) 말은 물론이고 고라니, 노루 등 순수 초식동물들엔 지방 소화를 돕는 쓸개즙(담즙)이 소용없으므로 숫제(아예) 쓸개주머니(담낭)가 없다.

말 발이 젖어야 잘 산다 장가가는 신랑이 탄 말의 발이 젖을 정도로 촉촉하게 비가 내려야 잘 산다는 뜻으로, 결혼식 날 비가 오는 것을 위로하여 이르는 말.

말 죽은 데 체 장수 모이듯 쳇불(체의 그물)로 쓸 말총을 구하기 위하여 말이 죽은 집에 체 장수가 모인다는 뜻으로, 남의 불행은 아랑곳없이 제 이익만 채우려 함을 빗대어 이르는 말.

말 타면 경마 잡히고 싶다 말을 타면 말고삐를 남(말몰이꾼)에게 잡혀 몰고 가게 하고 싶다는 뜻으로, 사람의 욕심이 한이 없음을 비꼬아 이르는 말.

말은 끌어야 잘 가고 소는 몰아야 잘 간다 북한어로, 어떤 일이나 특성에 맞게 일을 처리하여야 성과를 거둘 수 있다는 말.

말은 나면 제주도로 보내고 사람은 나면 서울로 보내라 망아지는 말의 고장인 제주도에서 길러야 하고, 사람은 어릴 때부터 서울로 보내어 공부를 하게 하여야 잘될 수 있음을 빗댄 말.

말을 바꾸어 타다 사람이나 일 따위를 바꾸거나 변경하다.

주마가편(走馬加鞭) 달리는 말에 채찍질한다는 뜻으로, 잘하는 사람을 더욱 북돋아준다는 말.

주마등(走馬燈) 무엇이 언뜻언뜻 빨리 지나감을 빗대어 이르는 말. 본래 '주마등'이란 등의 하나로, 등 한가운데에 가는 대오리를 세우고 대 끝에 두꺼운 종이로 만든 바퀴를 붙이고 종이로 만든 네 개의 말 형상을 달아서 촛불로 데워진 공기의 힘으로 종이 바퀴에 의하여 돌게 되어 있다.

고양이

왜 폴폴 나는 '나비'에 빗댈까?

고양이(묘, 猫, cat)는 식육목, 고양이과에 속하는 야행성 육식성 포유동물로 보통 키 23~28센티미터, 몸길이 30~60센티미터, 꼬리 길이 20~30센티미터이며, 몸무게는 2~3킬로그램 정도인 소형에서 7.5~8.5킬로그램까지 나가는 대형에 이르기까지 다양하다. 국제고양이협회에 따르면 세계적으로 71품종이 있다 하고, 1만 년 전 신석기시대부터 가축화하여 키웠는데 아프리카의 야생 고양이인 아프리카살쾡이가 고양이의 조상이라는 것이 밝혀졌다 한다.

고양이과 동물인 호랑이·사자·표범에 비하면 작지만, 고양이도 하나같이 몸이 굳세고 유연한 데다 빠르고 반사적이며, 예리한 발톱에 먹잇감을 재빠르게 물 수 있는 이빨을 가진다. 고양이는 앞발에 다섯 개의 발가락, 뒷발에 네 개의 발가락이 있고, 각 발가락 끝에는 날카로운 발톱이 있다. 발바닥은 말랑말랑한 고무질의 근육 덩어리(패드)로 이루어져 있으며, 털이 수북이 덮여 있어서 소리를 내지 않고 살금살금 걷는다.

고양이는 개와 마찬가지로 발가락으로 걷고, 앞발이 닿은 자리

고양이의 조상인 아프리카살쾡이

에 딱 맞게 뒷발을 갖다 놓으므로 소음을 덜고 지나간 흔적을 줄인다. 천천히 움직일 때는 낙타나 기린처럼 한쪽 앞뒤 다리를 동시(짝지어)에 움직이지만 잰걸음일 때는 다른 동물들처럼 다리를 엇갈리게 걷는다.

완전 육식성으로 입가의 수염은 접촉에 예민하고, 귓바퀴를 움직여 바스락하는 낮은 소리도 아주 잘 듣는다. 무엇보다 다른 어느 동물들보다 잠을 많이 자(하루에 12~16시간을 잠) 힘을 비축한다. 낮밤으로 활동하지만 밤에 더 활동적이며, 사람이 느낄 수 있는 빛의 1/6만 있어도 본다. 야행성 동물은 눈(망막)에 은색 반사판이 있고,

거기에는 구아닌(guanine)이란 감광 색소가 있어 빛을 반사하기도 하지만 옅은 빛도 흡수한다. 밤에 고양이 눈에서 이상한 빛이 나는 것은 바로 이 구아닌 물질 때문이다. 그리고 고양이나 뱀처럼 세로로 째진 눈동자(동공)를 '수직 눈동자', 염소나 말처럼 가로로 짜개진 눈동자를 '수평 눈동자'라 하며, 사람은 '둥근 눈동자'이다.

체온은 사람(36.5°C)보다 높은 섭씨 38.6도이고, 땀을 흘리지 않으며, 아주 더우면 개처럼 헐떡거려 혀로 열을 발산한다. 까끌까끌한 고양이 혓바닥에는 뒤로 젖혀진 작고 거친 케라틴 돌기가 혓바닥에 한가득 나 있어 음식을 핥아먹거나 털을 깨끗이 닦는다.

고양이는 기분이 좋을 때는 곰살갑게 꼬리를 바짝 곧추세우지만, 해치려들 때는 귀를 납작하게 펼 뿐더러 등짝을 구부리거나 털을 세우고 얄망궂게(얄궂게) 큰 소리를 지르며, 이빨을 드러내고는 쌀쌀맞게 옆걸음질하면서 상대를 겁준다. 높은 곳에서 냅다 거침없이, 날렵하게 내리 덮치는 특성이 있고, 위에서 아래로 번드쳐(뒤집어) 곤두박질하다가도 몸을 비틀어 꼬고, 뒷다리를 쩍 펴서 각도를 맞춰 땅에 사뿐히 닿는다. 그래서 고양이를 폴폴 나는 '나비'에 빗대 부르지 않았나 싶다. 또 사람의 팔은 딱딱하게 굳어 고정된 쇄골(鎖骨, 어깨뼈)에 끼어 있지만, 고양이는 어깨뼈가 자유자재로 움직이기에 좁은 공간도 잘 빠져나간다.

고양이 개 보듯 사이가 매우 나빠서 서로 으르렁거리며 해칠 기회만 찾는 모양을 빗대어 이르는 말.

고양이 낯짝(이마빼기)만 하다 매우 좁음을 비꼬아 이르는 말.

고양이 달걀 굴리듯 무슨 일을 재치 있게 잘하거나 또는 공 같은 것을 재간 있게 놀림을 빗대어 이르는 말.

고양이 목에 방울 달기 실행하기가 어려운 것을 공연히(괜히) 의논함을 이르는 말.

고양이 세수하듯 세수를 하되 콧등에 물만 묻히는 정도로 하나 마나 하게 하는 것을 빗대어 이르는 말.

고양이 앞에 쥐(쥐걸음) / 고양이 만난 쥐 무서운 사람 앞에서 설설 기면서 꼼짝 못 하다.

고양이 쥐 생각 속으로는 해칠 마음을 품고 있으면서도 겉으로는 생각해주는 척함을 비꼬아 이르는 말.

고양이 쥐 어르듯 상대편을 자기 마음대로 가지고 노는 모양을 빗대어 이르는 말.

고양이가 알 낳을 노릇이다 터무니없는 거짓말 같은 일이라는 말.

고양이가 쥐를 마다한다 본디 좋아하는 것을 짐짓(일부러) 싫다고 거절할 때를 비꼬는 말.

고양이한테 생선을 맡기다 어떤 일이나 사물을 믿지 못할 사람에게 맡겨놓고 마음이 놓이지 않아 걱정하다.

배부른 고양이는 쥐를 잡지 않는다 보통 보아 가난한 사람은 부지런하지만 돈 있는 사람은 게으르다는 것을 비유하여 이르는 말.

얌전한 고양이(강아지) 부뚜막에 먼저 올라간다 겉으로는 얌전하고 아무것도 못할 것처럼 보이는 사람이 딴짓을 하거나 자기 실속을 다 차리는 것을 놀림조로 이르는 말.

쥐 본 고양이(같다) 무엇이나 보기만 하면 결딴(끝장)을 내고야 마는 사람을 빗대어 이르는 말.

여우

우리나라에서는 이미 멸종되었다고?

여우(호, 狐, fox)는 식육목, 개과에 드는 소형 짐승으로 우리나라 여우 대표종인 '붉은여우(red fox)'는 호리호리한 놈이 몸길이 60~90센티미터, 어깨 높이 35센티미터, 꼬리 길이 30~60센티미터, 몸무게 5~10킬로그램이며, 후각과 청각이 썩 발달하였다. 길고 가느다란 주둥이에, 삼각형에 가까운 귀는 아주 크며, 다리는 짧고,

붉은여우

꼬리는 꽤나 길다. 털색은 몸 윗면이 황색이고, 이마와 등은 희끗희끗하다. 눈동자는 고양이처럼 세로로 길게 째졌으며, 아시아로부터 유럽·북아프리카·북아메리카에까지 분포한다.

높은 산에서 단독생활을 하고, 저녁참이나 새벽녘에 활동한다. 잡식성으로 들쥐·토끼·꿩·개구리·물고기 따위를 잡아먹을뿐더러 과일, 딸기까지 먹는다. 또 죽은 동물 고기도 즐겨 먹는다. 1, 2월에 짝짓기하고, 임신 50여 일 만에 2~5마리의 새끼를 낳는다. 오소리가 그렇듯이 여우도 서열이 가장 높은 대장 암컷만이 새끼를 밸 수 있다.

여우는 6·25전쟁에다가 털이나 목도리로 쓰기 위해 남획(마구 잡음)한 탓에 먹이피라미드의 꼭짓점(최상 포식자)을 차지했던 범, 늑대와 더불어 우리나라에서는 이미 멸종되었다. 그래서 '한국 토종 여우 복원'을 하기에 이르렀으나 소백산에 방사(놓아기르기)한 여우 한 쌍 중 암컷이 죽은 채 발견되고 말았다. 다행히 수컷 여우는 문제없이 지내고 있다니 끝까지 버텨보아라.

여우 집은 바위틈이나 토굴(땅굴)인데, 스스로 굴을 파기도 하지만 오소리의 굴을 빼앗기도 한다. 오소리가 없는 틈에 굴속으로 기어들어 다짜고짜 온 사방에 똥오줌을 깔겨놓아 오소리가 포기하고 도망가게 하여 여우 소굴로 만들어버린다.

구전동화(입에서 입으로 전하여 오는 동화)에 여우가 천 년을 묵으면 꼬리 9개가 달린 구미호(九尾狐)로 둔갑한다고 했다. 그리고 흔히 늑대(wolf)가 음흉(엉큼하고 흉악함)하면서도 어수룩한 남정네에 비유된다면, 여우(red fox)는 깍쟁이로 간사(거짓으로 속임)한 꾀 많은 여자를 빗댄다. 여우를 '여시'라고도 부르니 매우 교활한 사람이 하는 짓이나 깜찍하고 영악한 계집아이를 이른다. 또 '여우별'은 비 사이에 잠깐 비치는 별을, '여우비'는 볕이 나 있는 날 잠깐 오다가 그치는 비를 뜻한다.

한편 여우(포식자)가 늘면 토끼(피식자)가 줄고, 토끼가 줄어드니 따라서 여우가 줄고, 또 잇따라 여우가 줄면서 토끼가 늘어나는 관계가 해마다 반복되는 것을 '로트카-볼테라(Lotka-Volterra) 공식'이라 한다.

봄 불은 여우 불 여우가 둔갑(변신)하여 사방팔방에 나타나듯 여기저기서 불이 날 때를 이르는 말.

여우 굴도 문은 둘이다 무슨 일에나 대비를 튼튼히 해야 함을 이르는 말.

여우가 두레박(뒤웅박) 쓰고 삼밭에 든 것 (같다) 어쩔 줄을 모르고 갈팡질팡하며 헤매고 다니는 것을 빗대어 이르는 말.

여우가 범에게 가죽을 빌리란다 가당치도 않은 짓을 무모하게 한다는 말.

여우를 피해서 호랑이를 만났다 갈수록 더욱더 힘든 일을 당함을 비유하여 이르는 말.

여우별에 콩 볶아 먹는다 행동이 매우 민첩하다.

장마철의 여우별 잠시 모습을 나타내었다가 곧 숨어버리는 것을 이르는 말.

호가호위(狐假虎威) 여우가 호랑이의 위세(권세)를 빌려 꺼드럭거린다(잘난 체하며 버릇없이 굴다)는 뜻으로, 남의 세력을 빌어 제멋대로 위세를 부리며 함부로 날뜀을 뜻하는 말.

원숭이

유인원보다 덜 진화한 무리

사실 시늉(흉내) 잘 내는 사람을 빗대어 원숭이라 한다. 원숭이란 영장류 중에서 사람을 제외한 동물을 일컫는데, 그중에 긴 꼬리를 가진 안경원숭이나 여우원숭이 따위를 'monkey'라 하고, 사람처럼 꼬리가 없는 유인원을 'ape'라 한다. ape는 사람과 아주 가까운 침팬지·고릴라·오랑우탄 따위를 말한다.

'monkey' 무리인 알락꼬리여우원숭이

'ape' 무리인 오랑우탄

원숭이(원, 猿, monkey)는 유인원보다 덜 진화한 축에 들며, 여기서는 유인원인 오랑우탄을 살펴볼 참이다. '오랑우탄(orangutan)'은 말레이(Malay) 말로 '숲속의 사람'이란 뜻으로 보통 '성성이'라고도 부른다. 세상에서 유일하게 보르네오와 수마트라 섬에만 산다. 한때는 동남아시아 중심부에서도 살았으나 밀렵이나 서식지 파괴로 완전히 사라지고, 이 두 곳에 남아서 겨우 명맥을 유지하고 있다 한다.

오랑우탄은 썩 영리하여 정교한 도구를 다룰 줄 알고, 나뭇가지나 나뭇잎으로 아주 근사한 집도 지으며 나무 위에서 사는 전형적인 수상(樹上) 동물이다. 긴 앞다리와 갈고리 닮은 손을 가지고 있어서 이 나무 저 나무를 타고 다니면서 주로 싱그러운 무화과 열매를 따 먹고 사는데 나무의 잎이나 줄기, 곤충까지도 먹는다.

다 자라면 암컷은 키 127센티미터에 체중 45.4킬로그램인 데 비해 수놈은 175센티미터, 118킬로그램으로 수컷이 훨씬 크다. 사람도 그렇지만 고등동물의 수놈들이 덩치가 큰 것은 무엇보다 짝꿍과 새끼를 보호하고, 넓은 터를 누려서 먹이를 많이 차지하도록 적응한 결과이다.

딴 영장류와는 다르게 혼자 지내는 독거 생활을 하다가 발정기(생식기)에만 암수가 잠깐 만난다. 나이가 12~14살에 이르러 완전히 성적(性的)으로 성숙하며, 임신기간은 275일이다. 단 한 마리의 새끼를 낳아 어미가 기르고, 3년 후에 다시 임신한다.

예전에 말레이시아 키나발루 바위산을 오른 다음 피로를 식힐 겸 관광을 하였다. 안내원이 어느 사원으로 우리를 안내하면서, 입구에서 땅콩을 한 봉지씩 사란다. 영문도 모르고 그것을 사들고 끄덕끄덕 산굴 쪽으로 올라갔는데 이런! 원숭이 놈들이 막무가내로 달려들어 스스럼없이 땅콩 봉지를 내리 낚아채는 게 아닌가. 이미 넉넉히 먹어 양 볼따구니에 있는 '볼주머니(cheek pouch)'가 풍선처럼 불룩하였으면서도 말이지.

오리너구리·코알라·캥거루·다람쥐·햄스터·원숭이 같은 동물은 이렇게 입안 볼주머니(협낭, 頰囊)에다 일단 먹이를 가득 채우고 안전한 곳으로 가서 토악질(게워냄)하여 곱씹어 먹는다. 햄스터는 위험한 일이 벌어지면 볼주머니에 새끼를 집어넣고 걸음아 날 살려라 총총히(몹시 급하고 바쁜 상태로) 도망가기도 한단다.

원숭이 달 잡기 원숭이가 물에 비친 달을 잡으려다가 빠져 죽는다는 데서, 사람이 제 분수에 맞지 아니하게 행동하다가 화를 당함을 이르는 말.

원숭이 똥구멍같이 말갛다 얻을 것이 하나도 없거나 몹시 보잘것없는 것을 빗대어 이르는 말.

원숭이 볼기짝인가 술을 먹고 얼굴이 불그레해진 사람을 이르는 말.

원숭이 이 잡아먹듯 샅샅이 뒤지는 모양을 빗대어 이르는 말.

원숭이 흉내 내듯 아무 생각 없이 남 하는 대로 덩달아 따라 함을 빗대어 이르는 말.

원숭이도 나무에서 떨어진다 아무리 익숙하고 잘하는 사람이라도 간혹 실수할 때가 있음을 빗대어 이르는 말.

잔나비 궁둥짝 같다 북한어로, 얼굴이 보기 흉하게 울긋불긋한 모양을 빗대어 이르는 말. 잔나비는 원숭이를 가리키는 말이다.

잔나비 담배 먹듯 / 잔나비 밥 짓듯 실상도 모르면서 경솔하게 행동함을 빗대어 이르는 말.

잔나비 잔치다 남을 흉내 내어 한 일이 제격에 맞지 아니한 것을 빗대어 이르는 말.

조삼모사(朝三暮四) 아침에 셋, 저녁에 넷이라는 뜻으로, 눈앞의 이익만 알고 결과가 같은 것임을 모르는 어리석음이나, 또는 잔꾀로 남을 속임을 비유하는 말. 중국 춘추전국시대에 송나라의 저공이란 사람이 원숭이를 많이 기르고 있었는데, 하루는 식량이 동이 나(떨어져) 사람도 짐승도 먹을 것이라곤 도토리밖에 없었다. 이에 저공이 원숭이들에게 "앞으로 너희에게 도토리를 아침에 3개(조삼, 朝三), 저녁에 4개(모사, 暮四)를 주겠다."고 말하자, 원숭이들이 불뚝성(갑자기 불끈하고 내는 성)을 내며 아침에 3개를 먹고는 배가 고파 못 견딘다고 하였다. 그러자 저공이 "그렇다면 아침에 4개를 주고 저녁에 3개를 주겠다."고 하니 원숭이들이 매우 좋아하였다는 데서 유래한다.

쥐

앞니가 끊임없이 자란다고?

쥐(서, 鼠, rat/mouse)는 포유동물로 쥐목, 쥐과에 든다. 흔히 쥐를 설치류(齧齒類)라 하는데, 여기서 '齧齒'란 '갉는 이빨', '이빨로 갉음'이란 뜻이다. 위아래에 끌 모양의 앞니 한 쌍씩이 끊임없이 자라기에 그것을 닳게 하느라 딱딱한 나무나 전선을 쓸고, 부득부득 간다. 그런데 설치류는 딱딱하고 야문 곡식이나 열매, 나무줄기 따위를 먹기 때문에 이가 자꾸 자라지 않으면 닳아서 몽당 이빨이 될 뻔했다.

우리가 흔히 '생쥐(mouse)'와 '시궁쥐(rat)'를 묶어 '쥐'라 부른다. 생쥐는 시궁쥐보다 작고, 주둥이가 뾰족하며, 귀는 둥근 것이 작고, 꼬리에 털이 없다. 이들을 실험 쥐로 쓰니, 주로 당뇨병 연구·미로 학습·과밀(지나치게 집중됨)에 따른 정신이상이나 지능 연구·약물 남용·유전자분석 등에 이용된다.

컴퓨터 입력장치도 마우스(mouse, 생쥐)다. 생쥐는 야행성이고, 몸집이 작아 키우기 쉬우며, 생식 주기가 빨라 짧은 시간에 여러 세대를 관찰할 수 있다. 실험실에서 낳아 기른 것은 얌전해서 사람 손이 닿아도 깨물지 않는 탓에 실험 쥐로 특히 많이 쓴다.

전 세계에 분포하는 쥐

사람들은 곧잘 '쥐꼬리만 한 월급'이라고 하는데, 들쥐 꼬리는 몸길이보다 짧지만 집쥐 꼬리는 몸통보다 훨씬 길기에 쥐의 꼬리가 작다는 것은 결코 이치에 맞지 않는다. 어쨌거나 원숭이 따위가 그렇듯이 쥐의 꼬리는 높은 곳을 감고 오른다거나, 줄 탈 때 몸의 균형을 잡는 데 큰 몫을 한다. 바지랑대로 받친 빨랫줄을 타는 쥐도 꼬리를 줄에 바짝 대고 내달리는 것을 볼 수 있다. 한편 몸 근육이 수축되어 기능을 잃는 현상도 '쥐'라 한다.

낮말은 새가 듣고 밤말은 쥐가 듣는다 아무리 몰래 한 말이라도 반드시 남의 귀에 들어가게 된다는 말.

독 안에 든 쥐 궁지에서 벗어날 수 없는 처지라는 말.

쥐 뜯어먹은 것 같다 들쭉날쭉하여 보기 흉함을 빗대어 이르는 말.

쥐 밑살 같다 매우 작고 보잘것없음을 빗대어 이르는 말. 여기서 '밑살'이란 항문을 이루는 창자의 끝부분인 미주알을 가리킨다.

쥐 발 그리듯 쥐가 마구 밟아 어지러운 발자국을 내놓듯이, 글씨 같은 것을 바로 쓰지 못하고 흉하게 마구 그려놓음을 빗대어 이르는 말.

쥐 안(못) 잡는 고양이라 있어도 제구실을 하지 못하는 사람을 이르는 말.

쥐 잡듯 꼼짝 못 하게 해놓고 잡는 모양을 빗대어 이르는 말.

쥐 잡아먹은 고양이 입술을 지나치게 빨갛게 바른 모습을 비꼬아 이르는 말.

쥐 잡으려다가 쌀독 깬다 적은 이익이나마 얻으려고 한 일이 도리어 큰 손실을 입게 된다는 말.

쥐구멍에도 볕 들 날 있다 몹시 고생하는 삶도 운수가 터질 날이 있다는 말.

쥐구멍을 찾다 부끄럽거나 처신하기 곤란하여 어디에라도 숨고 싶어 하다.

쥐도 도망 갈 구멍을 보고 쫓는다 궁지(매우 곤란하고 어려운 일을 당한 처지)에 빠진 사람을 너무 막다른 지경에 몰아넣지 말아야 한다는 말.

쥐도 새도 모르게 감쪽같이 처리하여 아무도 그 경위나 행방을 알 수 없게.

궁서설묘(窮鼠嚙猫) 궁지에 몰린 쥐가 고양이를 문다는 뜻으로, 매우 곤란하고 어려운 처지에 몰리면 약자라도 강자에게 필사적으로 반항함을 이르는 말.

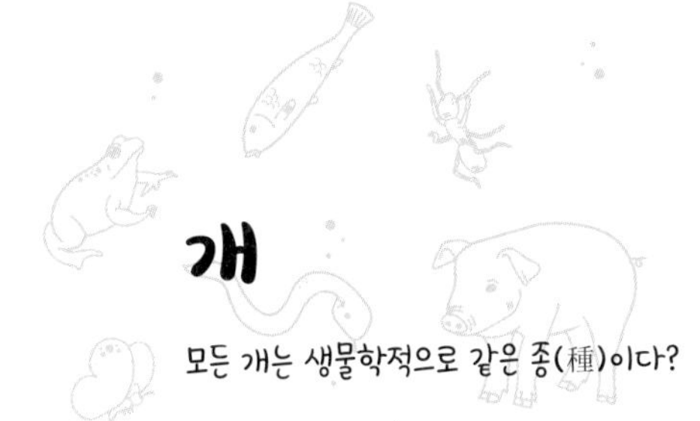

개

모든 개는 생물학적으로 같은 종(種)이다?

개(견, 犬, dog)는 식육목, 개과의 포유동물로 인간이 키워온 가장 오래된 가축이며, 한자로는 견(犬), 구(拘), 술(戌) 등으로 쓴다. 개의 조상은 인도에 살았던 회색늑대인데 약 33,000~36,000년 전에 늑대에서 개로 바뀌기 시작한 것으로 생각한다.

현재 살고 있는 400여 품종(견종, 犬種)의 개 중에서 가장 작은 요크셔테리어는 113그램에 지나지 않고, 가장 큰 것은 잉글리시 마스티프로 무려 156킬로그램이나 된다. 모든 개는 생물학적으로 같은 종(種, species)으로 염색체가 모두 78개이며, 유전적으로 똑같다.

우리나라 재래종 개로는 진돗개·풍산개·삽살개·동경견 따위가 있는데, 진돗개는 전남 진도가 원산으로 천연기념물 제53호이고, 풍산개는 북한의 함경남도 풍산군 일대에서 기르던 사냥개다. 경산의 삽살개는 귀신(액운) 쫓는 개로 알려졌는데 소백산맥의 강원도 지방이 원산이며, 천연기념물 제368호이고, 온몸이 긴 털로 덮여 있다. 경주개 동경이는 경주가 원산으로 진돗개와 생김새가 비슷하고, 천연기념물 제540호로 지정, 보호하고 있다.

가장 몸집이 큰 잉글리시 마스티프

가장 몸집이 작은 요크셔테리어

개는 임신기간이 62~68일로 한배에 1~12마리, 흔히 4~6마리의 새끼를 낳는다. 수명은 보통 12~16년이지만, 암컷은 5년이 지나면 번식력이 떨어지며, 대체로 8년 정도가 되면 번식력을 잃어버린다.

개의 발가락은 앞발에 5개, 뒷발에 4개이고, 고양이처럼 발끝(발가락)만 땅에 대고 걷는다. 18개 이상의 근육으로 된 귓바퀴를 세우고 눕히며, 기울이고 돌린다. 청각이 매우 발달하여 사람보다 4배나 먼 거리의 소리까지 들을 수 있고, '개 코'라는 말 그대로 사람보다 10만~100만 배나 냄새에 예민하다 한다. 혓바닥 빼고는 피부에 땀샘이 없고, 개 발에 조금 있다. 그런데 DOG를 거꾸로 읽으면? 아하! 한 단어에 '개'와 '신(GOD)'이 모두 들었군!

개 꼬락서니 미워서 낙지 산다 개가 즐겨 먹는 뼈다귀가 들어 있지 아니한 낙지를 산다는 뜻으로, 자기가 미워하는 사람에게 좋을 일은 하지 않겠다는 말.

개 꼬리 삼 년 묵어도 황모 되지 않는다 본바탕이 좋지 아니한 것은 어떻게 해도 그 본질이 좋아지지 아니함을 이르는 말. '황모'란 족제비의 꼬리털이다.

개 눈에는 똥만 보인다 평소에 자신이 좋아하거나 관심을 가지고 있는 것만이 눈에 띈다는 말.

개 발싸개 같다 보잘것없이 허름하고 빈약한 것을 낮잡아 이르는 말.

개 발에 땀나다 땀이 잘 나지 아니하는 개 발에 땀이 나듯이, 해내기 어려운 일을 이루기 위하여 부지런히 움직임을 이르는 말.

개 팔자가 상팔자 놀고 있는 개가 부럽다는 뜻으로, 일이 분주하거나 고생스러울 때 넋두리로 하는 말.

개 핥은 죽사발 같다 남긴 것 없이 깨끗하다.

개(소)가 웃을 일이다 너무도 어이없고 같잖은 일이다.

개가 똥을 마다할까 본디 좋아하는 것을 짐짓 싫다고 거절할 때를 비꼰 말.

개같이 벌어서 정승같이 산다 돈을 벌 때는 천한 일이라도 하면서 벌고, 쓸 때는 떳떳하고 보람 있게 쓴다는 말.

개도 무는 개를 돌아본다 너무 순하기만 하면 도리어 무시당하거나 관심을 끌지 못한다는 말.

개똥도 약에 쓰려면 없다 보통 때에는 흔하던 것도 꼭 필요할 때에 찾으면 드물고 귀함을 비유한 말.

개밥에 도토리 개는 도토리를 먹지 아니하므로 밥 속에 있어도 먹지 않고 남긴다는 뜻에서, 따돌림을 받아 여럿의 축에 끼지 못하는 사람을 이르는 말.

내외간 싸움은 개싸움 부부는 싸움을 하여도 화합하기 쉽다는 말.

뉘 아기(개) 이름인 줄 아나 실없이 자기 이름을 자꾸 부르는 것을 핀잔하여 이르는 말.

똥 묻은 개가 겨 묻은 개 나무란다 자기는 더 큰 흉이 있으면서 도리어 남의 작은 흉을 보는 것을 비꼬아 이르는 말.

사나운 개 콧등 성할(아물) 날 없다 성질이 사나운 사람은 늘 싸움만 하여 상처가 미처 나을 사이가 없다는 말.

사나운 개도 밥(먹여) 주는 사람은 안다 자기에게 은혜를 베풀어주는 고마운 사람을 알아보지 못하는 것은 짐승만도 못함을 놀림조로 이르는 말.

서당 개 삼 년에 풍월 한다 어떤 분야에 대하여 지식과 경험이 전혀 없는 사람이라도 그 부문에 오래 있으면 얼마간의 지식과 경험을 갖게 된다는 말.

승냥이가 양으로 될 수 없다 나쁜 본성을 가진 사람은 본성을 바꿀 수 없다는 말. 들개를 승냥이라 부른다.

승냥이는 꿈속에서도 양 무리를 생각한다 남을 해치는 것에 익숙해진 사람은 늘 그런 생각만 함을 비꼬아 이르는 말.

어디 개가 짖느냐 한다 남이 하는 말을 무시하여 들은 체도 아니한다는 말.

오뉴월 개 팔자 하는 일 없이 놀고먹는 편한 팔자.

제 버릇 개 줄까 한번 젖어버린 나쁜 버릇은 쉽게 고치기가 어렵다는 말.

죽 쑤어 개 좋은 일 하였다 애써 한 일을 남에게 빼앗기거나 엉뚱한 사람에게 이로운 일을 한 결과가 되었다는 말.

짖는 개는 물지 않는다 겉으로 떠들어대는 사람은 도리어 실속이 없다는 말.

초상집 개 같다 먹을 것이 없어 이 집 저 집 다니며 빌어먹는 사람을 빗댄 말.

돼지

왜 장기이식 동물로 안성맞춤일까?

옛날 시골에서 돼지를 잡을라치면 '돼지 멱따는 소리'를 듣고 온 동네 조무래기 씨동무들이 하나같이 반색하며(반기며) 우르르 모여들었다. 그때는 고무공이나 가죽 공 같은 것이 없어 가는 새끼줄을 둘둘 말아 감고 공으로 썼는데, 동네 돼지 잡는 날에는 오줌보(방광)를 얻어다 바람 빵빵하게 불어넣어 맘껏 뻥뻥 찼다. 물렁물렁 발등에 착착 감겨오는 오줌보의 보드라운 그 감각은 유별났다.

돼지

돼지(돈, 豚, pig)는 멧돼지과에 속하는 발굽동물이며, 큰 발굽 2개와 2개(합 4개)의 작은 발톱이 있다. 짜개진 큰 발굽 2개가 땅바닥을 딛고, 나머지 2개는 공중에 떠 있는데, 이렇게 돼지나 소처럼 발굽(hoof)이 둘인 것을 우제류, 말처럼 발굽이 하나인 것을 기제류라 한다.

돼지는 멧돼지를 순치(길들임)시킨 것으로 육축(소·말·돼지·염소·닭·개) 중에서도 가장 아낌을 받아왔고, 세계적으로도 1000여 품종이 있기 때문에 산돼지와 집돼지 사이에서 새끼를 친다. 발굽동물은 모두 똑바로 서서 새끼를 낳지만 돼지는 자리를 만들고, 거기에 드러누워서 출산한다. 젖꼭지 7쌍 중 앞쪽의 것이 가장 젖이 많이 나는데 일찍 태어난 놈들이 먼저 차지하며, 영특하게도 한번 제 젖꼭지가 정해지면 그것(순서)을 꼭 지켜서 패싸움을 피한다.

돼지는 목이 굵고, 다리가 짧으며, 잡식성으로 주둥이가 길쭉하고, 작은 꼬리가 또르르 말려 있다. 코끼리의 상아는 앞니가 커진 것인데 반해 돼지의 엄니(크고 날카롭게 발달하여 있는 포유류의 이)는 송곳니가 길어진 것이라, 엄니를 치켜세우고 앞뒤 헤아리지 않고 돌

멧돼지

진할 때 '저돌적(돼지 猪, 갑자기 突, 과녁 的)'이라 한다.

우리나라 재래종은 어언 2000여 년 전에 가축화 되었다고 본다. 털은 새까맣고, 몸집이 작으나 체질이 강하며, 질병에 강한 것이 특징이다. 대대로 이어온 우리 검정 돼지를 '똥돼지'라 낮춰 부르는데 실제로 '똥개'가 그렇듯이 돼지도 지지리(아주 몹시) 먹일 게 없어 부득이 사람의 인분을 먹였다. 수십 년 전만 해도 제주도 뒷간은 엄청 높았고, 밑바닥에는 돼지가 꿀꿀거리며 서성거리고 있었으니…….

사실 돼지는 우리와는 뗄 수 없는 연관을 가지고 있다. 일찍부터 지신(땅 신) 제사에 제물로 바쳤고, 고사에도 돼지 대가리요, 시산제(산악인들이 매년 연초에 지내는 산신제)에 가서도 절 한 번 하고는 쩍 벌린 입에다 지전(종이돈)을 꼽는다. 그리고 머리 고기·목살·갈빗살·갈매기살에다 순대는 물론이고 햄이나 베이컨을 만드는 데 쓴다.

돼지는 미련해 보이지만 주인도 알아본다. 먹을 것을 들고 가거나 곁을 지날 때면 한사코 달려 나와 앞다리를 우리의 턱에 걸치고는 개구쟁이처럼 꿀꿀 소리 지르면서 반긴다. 아무튼 다산(아이를 많이 낳음)과 재물을 상징하는 돼지 그림이 이발소나 음식점 벽에 많이 걸려 있었다. 또 '돈(豚)은 돈(money)'이라, 돼지는 황금을 상징하여 길몽인 '돼지꿈'을 꾸면 복권을 산다. 어디 그뿐일까, 당뇨병에 쓰는 인슐린도 돼지 것이 최고요, 오장육부의 크기가 사람과 아주 비슷하여 장기이식 동물로 안성맞춤이다. 이래저래 우리와 참 가까운 도야지로다!

돼지 꼬리 잡고 순대 달란다 북한어로, 무슨 일이든 정해진 과정(단계)을 거쳐야 하는데 너무 성급하게 요구한다는 말.

돼지 멱 감은 물 돼지고기를 넣고 끓인 국에 돼지고기는 있는 둥 없는 둥 하고 국물뿐인 경우를 이르는 말.

돼지 멱따는 소리 아주 듣기 싫도록 꽥꽥 지르는 소리로 '멱'은 목의 앞쪽을 가리키는 말.

돼지 오줌통 몰아놓은 이 같다 두툼하게 생긴 얼굴이 허여멀겋고 아름답지 못함을 빗대어 이르는 말.

돼지 왼 발톱 상궤에 벗어난 일을 하거나 남과 다른 행동을 하는 것을 비유하여 이르는 말.

돼지에 진주목걸이 값어치를 모르는 사람에게는 보물도 아무 소용이 없음을 비유하여 이르는 말.

소

살아서도 죽어서도 아낌없이 주는!

그때 그 시절에 소(우, 牛, cow)는 시골집 재산목록 제1호로 논밭을 가는 데 없어서는 안 되었고, 송아지는 재산을 불리는 유일한 길이었기에 모든 정성을 쏟아 가족(식구)처럼 기른다. 소는 살아서는 우유에서 버터·치즈·요구르트 같은 유제품을 주고, 죽어서는 고기와 뼈다귀, 뿔, 껍데기, 가죽을 남긴다. 그러나 근래 와선 애꿎게도 메탄(methane)가스, 이산화탄소(CO_2) 등 온실가스의 18퍼센트를 방출한다 하여 손가락질을 받기도 한다.

우리나라 소는 전형적으로 털이 누런 황우지만 중국, 인도 등지에는 회색이거나 검은 소가 많다. 소는 소과의 포유류로 발굽이 둘인 발굽동물이다. 뿔은 암수 모두 있고, 목 아래에는 육수(부드러운 피부의 융기)가 있으며, 꼬리는 가늘고 길다.

한여름에 소불알은 보는 사람으로 하여금 불안케 하고도 남는다. 노력 없이 요행만 바라는 헛된 짓을 비꼬아 "소불알 떨어지면 구워 먹겠다고 소금 가지고 따라다닌다."고 하지만 날이 더울라치면 불(고환)은 축 늘어진다. 사람도 정자가 열에 약한 탓에 음낭에

털빛이 누런 황우

땀이 나거나 축 처져서 고환(정소) 온도를 체온보다 섭씨 3~5도 낮게 유지하게 한다.

소의 밥통(위)은 반추위(되새김위)로 방이 넷(혹위·벌집위·겹주름위·주름위)이다. 제1위인 혹위는 전체 위의 80퍼센트를 차지하는데 이를 양이라 하고, 제3위인 겹주름위를 천엽 또는 처녑이라 하며, 마지막 제4위가 막창(홍창)이다. 자연에서는 일단 먹은 풀은 혹위와 벌집위에 저장해두었다가 안전한 곳에 가서 되새김질거리를 토해내어 되씹는다. 매매(매 때마다) 반추(되새김)한 것은 겹주름위와 주름위로 내려 보내고, 거기에서 미생물들의 도움을 받아 소화(분해)한다.

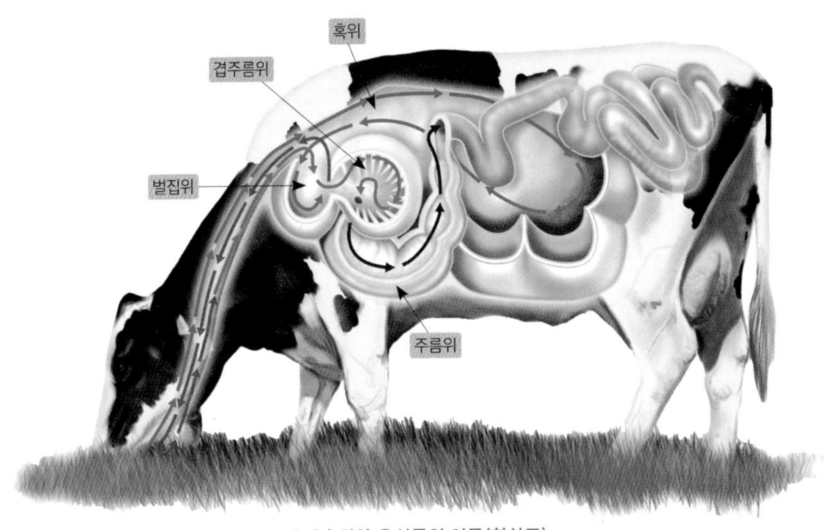

소의 반추위와 음식물의 이동(화살표)

미생물이 분해한 포도당이나 아미노산을 소가 이용하니, 소와 미생물은 서로 떼려야 뗄 수 없는 공생관계로 모든 반추동물이 다 그렇다. 그렇다면 토끼나 말, 돼지 등 반추위가 없는 초식동물은 어떻게 그 질긴 섬유소(셀룰로오스, cellulose)를 분해하는가. 그렇다! 그것들은 반추위 대신에 아주 큰 맹장에 살고 있는 미생물들이 섬유소를 분해한다. 그러므로 초식동물을 반추위를 가진 무리와 커다란 맹장을 지닌 두 무리로 나눈다.

그런데 젖소는 왜 새끼를 낳지 않아도 저렇게 젖을 내리 내는 것일까? 보통 동물들은 모두 산후에 젖을 분비하는데 말이지. 닭 중에도 닭장 속의 산란계는 알을 품을 생각조차 않고 줄곧 알을 낳는다. 모두 다 돌연변이로 생긴 특별한 변이종이다.

새끼 많은 소 길마(안장) 벗을 날 없다 자식을 많이 거느린 어버이는 늘 매우 바쁨을 빗대어 이르는 말.

소 닭 보듯, 닭 소 보듯 서로 데면데면 아무런 관심을 두지 않음을 빗댄 말.

소 뜨물 켜듯이 한꺼번에 많은 양을 들이키는 모양을 빗댄 말.

소 잃고 외양간 고친다 일이 이미 잘못된 뒤에는 손을 써도 소용이 없다.

소도 언덕이 있어야 비빈다 의지할 곳이 있어야 무슨 일이든 시작할 수 있다.

쇠똥에 미끄러져 개똥에 코 박은 셈이다 대수롭지 않은 일에 연거푸 실수만 함을 비꼬아 이르는 말.

쇠뿔도 단김에 빼랬다 어떤 일이든지 하려들면 주저 말고 곧바로 행동으로 옮겨야 한다는 말.

술 담배 참아 소 샀더니 호랑이가 물어 갔다 돈을 모으기만 할 것이 아니라 쓸 데는 써야 한다는 말.

오뉴월 소나기가 쇠등을 가른다 국부적으로 내리는 소나기를 이르는 말.

우황 든 소 앓듯 답답한 사정이 있어도 남에게 말 못하고 혼자만 괴로워하며 걱정함을 빗댄 말. '우황'이란 소의 쓸개 속에 생긴 담석 덩어리를 가리킨다.

황소 뒷걸음치다가 쥐 잡는다 어쩌다 우연히 이루거나 알아맞히다.

구우일모(九牛一毛) 아홉 마리의 소 가운데 박힌 하나의 털이란 뜻으로, 매우 많은 것 가운데 극히 적은 수를 이르는 말.

우보호시(牛步虎視) 소처럼 느리게 걸어도 눈은 호랑이처럼 또렷이 뜨라는 말.

우이독경(牛耳讀經) 쇠귀에 경 읽기란 뜻으로, 가르쳐도 알아듣지 못한다는 말.

호랑이

우리 역사와 문화에 깊숙이 스며든 영물

호랑이를 '범' 또는 어린이 말인 '어흥이'라 부르며, 모두 널리 쓰이므로 다 표준어로 삼는다. 호랑이는 20세기 들어 일제가 호환을 예방한다는 명목으로 이 잡듯 했던 호랑이 토벌과 더불어 결정적으로 3년이나 이어졌던 6·25전쟁으로 풍비박산(사방으로 날아 흩어짐)하여 남한에서 멸종되고 말았다. 여러 기록에 따르면 실제로 호랑이에게 물려가는 화(호환)를 당한 것은 사실이다.

호랑이(虎狼-, tiger)는 식육목, 고양이과의 포유류로 나무가 많이 우거진 숲(삼림)과 갈대밭, 바위가 많은 곳에 살고, 물가의 우거진 숲을 좋아한다. 호랑이는 시베리아에서 인도네시아까지 넓게 퍼져 있으니 수마트라섬에는 아직도 생존하는 것이 있다. 무엇보다 몸에 있는 100여 개의 무늬는 서식처의 얼룩진 그림자나 긴 풀줄기를 닮아서 몸을 위장(숨김)하기에 알맞다.

우리 호랑이는 세계에 생존하는 8아종 중에서 '시베리아호랑이(Siberian tiger)'에 속하고, 아무르 유역·만주·중국 북부에 살며, 북한에 딸랑 7~8마리가 사는 것으로 추정된다. 2005년 호랑이 센서

시베리아호랑이

스(마릿수 조사)에서 아무르 지역에 아직 450~500마리가 사는 것으로 판명되었다고 하니 남한에 우리 호랑이가 없을 뿐이지 그 씨가 마르지는 않았다.

호랑이는 우리가 가장 우러러보는 용맹하고 날쌘 영물로 민화나 민담의 단골이었고, 서울올림픽 마스코트까지 더없이 사랑받는 산신령이며, 건국신화에도 등장하는 등 우리의 역사와 문화에 깊숙이 스며들어 있다.

호랑이는 죽어서 가죽을 남기고 사람은 죽어서 이름을 남긴다고 하였다. 사람이 한번 태어났으면 세상에 뜻있는 흔적을 남겨 그 이름을 널리 전해야 한다는 말인데, 정녕 가죽은커녕 이름 한 자도 제대로 못 남기고 훌쩍 떠나야 하게 생겼으니 이 일을 어쩌지?!

돈이라면 호랑이 눈썹이라도 빼온다 돈이 생기는 일이라면 아무리 어렵고 위험한 일이라도 무릅쓰고 행함을 이르는 말.

미친개가 호랑이 잡는다 아무것도 돌아보지 않고 겁 없이 날뛰면 어떤 무서운 짓을 할지도 모른다는 말.

범도 죽을 때 제 굴에 가서 죽는다 누구나 죽을 때는 자기가 난 고장을 그리워한다는 말.

범의 아가리 매우 위태한 지경임을 빗대어 이르는 말.

새벽 호랑이(다) 활동할 때를 잃어 깊은 산에 들어가야 할 호랑이라는 뜻으로, 세력을 잃고 물러나게 된 신세임을 빗대어 이르는 말.

선불 맞은 호랑이 뛰듯 선불(급소에 바로 맞지 아니한 총알)을 맞은 호랑이가 분에 못 이겨 매우 사납게 날뛰듯이 마구 날뛰는 모양을 이르는 말.

세 사람만 우겨대면 없는 호랑이도 만들어낼 수 있다 여럿이 힘을 합치면 안 되는 일이 없다는 말.

인왕산 모르는 호랑이가 있나 한국의 호랑이는 반드시 인왕산에 와본다는 옛말에서 나온 말로, 자기를 모르는 사람이 있을 수 없음을 비유하여 이르는 말.

자는 호랑이(범) 코침 주기 그대로 가만히 두었으면 아무 탈이 없을 것을 공연히(아무 까닭 없이) 건드려 문제를 일으킨다는 말.

하룻강아지 범 무서운 줄 모른다 철없이 함부로 덤빔을 비꼬아 이르는 말.

호랑이 개 어르듯 속으로 해칠 생각만 하면서 겉으로는 슬슬 달래는 것을 빗대어 이르는 말.

호랑이 굴에 가야 호랑이 새끼를 잡는다 뜻하는 성과를 얻으려면 그에 마땅한 일을 하여야 한다는 말.

호랑이 꼬리를 잡은 셈 호랑이 꼬리를 잡고 그냥 있자니 힘이 달리고 놓자니 호랑이에게 물릴 것 같다는 뜻으로, 이러지도 못하고 저러지도 못하는 딱한 처지에 놓임을 빗대어 이르는 말.

호랑이 담배 피울 적 지금과는 형편이 다른 아주 까마득한 옛날을 이르는 말.

호랑이가 새끼 치겠다 김을 매지 않아 논밭에 풀이 무성함을 꾸짖거나 비꼬는 말.

호랑이도 제 말 하면 온다 다른 사람에 관한 이야기를 하는데 공교롭게도 그 사람이 나타난다는 말. 어느 곳에서나 그 자리에 없다고 남을 흉보아서는 안 된다는 뜻이다.

호랑이를 그리려다가 강아지를 그린다 시작할 때는 크게 마음먹고 훌륭한 것을 만들려고 하였으나 생각과는 다르게 초라하고 엉뚱한 것을 만들게 됨을 빗대어 이르는 말.

호랑이에게 물려가도 정신만 차리면 산다 아무리 위급한 경우를 당하더라도 정신만 똑똑히 차리면 위기를 벗어날 수 있다는 말.

용호상박(龍虎相搏) 용과 범이 서로 싸운다는 뜻으로, 힘센 두 사람이 승패를 겨루는 것을 이르는 말.

사진 출처

13쪽, 15쪽, 16-17쪽, 22쪽, 26쪽, 30쪽, 34쪽, 42쪽 shutterstock.com

43쪽 Sanjay Acharya/ commons.wikimedia.org (CC BY-SA 3.0)

46쪽, 50쪽, 51쪽, 56쪽, 57쪽, 61쪽, 62쪽, 66쪽, 67쪽, 71쪽, 73쪽, 74쪽, 78쪽, 80쪽, 81쪽 shutterstock.com

83쪽 Bandwagonman at English Wikipedia/ commons.wikimedia.org (CC BY-SA 3.0)

86쪽 charum.koh from Kobe city, Japan/ ommons.wikimedia.org (CC BY-SA 3.0)

88쪽, 90쪽, 92쪽, 95쪽, 99쪽, 102쪽, 103쪽, 104쪽, 108쪽, 109쪽 shutterstock.com

113쪽, 116쪽 ©박수현

122쪽, 125쪽, 130쪽, 131쪽 shutterstock.com

134쪽 Alpsdake/ commons.wikimedia.org (CC BY-SA 3.0)

135쪽, 139쪽, 143쪽, 144쪽, 147쪽, 150쪽, 151쪽, 155쪽, 159쪽, 163쪽, 165쪽, 166쪽, 168쪽 shutterstock.com

169쪽 crowdpic/ 크라우드픽

172쪽, 174쪽, 175쪽, 177쪽, 178쪽, 182쪽, 183쪽, 186쪽, 187쪽, 189쪽, 193쪽, 198쪽, 202쪽, 203쪽, 204쪽, 208쪽, 209쪽, 214쪽, 217쪽, 220쪽, 221쪽, 225쪽, 226쪽, 231쪽, 235쪽, 238쪽, 239쪽, 242쪽, 243쪽, 247쪽, 251쪽, 255쪽, 256쪽, 261쪽, 264쪽, 267쪽, 268쪽, 272쪽, 273쪽, 276쪽 shutterstock.com